TRAITÉ THÉORIQUE ET PRATIQUE

DU

TRAVAIL DU FER ET DE L'ACIER

IMPRIMERIE GÉNÉRALE DE CHATILLON-SUR-SEINE, JEANNE ROBERT

TRAITÉ

THÉORIQUE ET PRATIQUE

DU

TRAVAIL DU FER

ET DE L'ACIER

CONTENANT

TOUS LES RENSEIGNEMENTS NÉCESSAIRES POUR LE TRAVAIL DU FER ET DE L'ACIER,
CONDUITE DU FEU, CHAUFFERIE DES MÉTAUX, SOUDAGE DES ACIERS
FONDUS ET AUTRES, RECUIT DES FERS ET ACIERS APRÈS LEUR FINI DE FORGE,
TREMPE A LA VOLÉE, EN PAQUET, A LA CHUTE D'EAU,

PAR J.-B. ZABÉ

MAITRE ENTRETENU PROFESSIONNEL DE LA MARINE
AU PORT DE TOULON

OUVRAGE ACCOMPAGNÉ DE 24 PLANCHES

PARIS

LIBRAIRIE SCIENTIFIQUE ANCIENNE & MODERNE

Vᵉ AMBROISE LEFÈVRE

47, QUAI DES GRANDS-AUGUSTINS, 47

1880

AU LECTEUR

—

Appelé pendant huit ans à faire aux élèves armuriers
du port de Toulon un cours pratique et élémentaire à
l'usage des ouvriers en fer, il nous a été permis de nous
rendre un compte exact des difficultés que la meilleure
théorie n'est pas toujours capable de résoudre, de même
que de l'excellence des méthodes auxquelles la pratique a recours pour surmonter ces difficultés. Nous avons
donc pu recueillir des notes et des observatious dont la
pratique nous a montré l'exactitude et l'efficacité. Ce
sont ces notes et ces observations que nous avons coor-
données et classées avec le plus grand soin et que nous
présentons ici comme propres à développer l'habileté
professionnelle des ouvriers en fer.

Si nous avons été assez heureux pour faciliter aux
ouvriers en fer l'étude des règles de leur métier difficile ; si nous avons pu leur fournir les moyens d'acquérir promptement cette habileté professionnelle si désirée

1

et si recherchée par eux ; si enfin nous avons pu être de quelque utilité à ceux-là qui ont toutes nos sympathies et dont nous partageons depuis vingt-cinq ans les rudes fatigues, nous aurons la satisfaction d'avoir atteint le but que nous nous étions proposé, et notre ambition sera satisfaite.

J.-B. ZABÉ.

PREMIÈRE PARTIE.

———

I

A

Acérer, souder de l'acier à du fer.

Aciérer, convertir du fer en acier.

Adhérence, union intime d'une chose à une autre.

Aigreur, qualité du fer cassant.

Aire, côté opposé à la panne d'un marteau (surface plane).

Ame, l'âme d'un soufflet, soupape par laquelle l'air s'y
introduit.

Amorce, disposition préalable que doivent recevoir deux
pièces de fer ou d'acier pour en opérer le soudage.

Ampoule, espèce de boursouflure qui se forme à la surface de l'acier de cémentation.

B

Battitures, écailles ou paillettes de fer qui se détachent
pendant le forgeage.

Bigorne, bout d'enclume qui finit en pointe.

Billot-d'enclume, pièce de bois où repose l'enclume.

Borax, sel minéral, propre à favoriser la fusion des métaux.

Braser, souder avec du laiton deux morceaux de fer, d'acier ou de cuivre à l'aide du borax.

Burin, instrument d'acier tranchant dont on se sert pour couper les métaux.

Buse, tuyère qui conduit l'air dans les fourneaux.

C

Caisse de cémentation, caisse en briques réfractaires ou en tôle pour cémenter le fer.

Calciner, convertir en chaux par l'action du feu.

Calorique, nom donné à la cause de la chaleur.

Came (alluchon), dent d'une roue d'engrenage ne faisant pas corps avec la couronne.

Cément, matière dont on se sert pour faire l'acier de cémentation.

Cémentation, opération par laquelle on acière le fer forgé.

Cendre, poudre laissée par un combustible après la combustion.

Chabotte, masse de fonte dans laquelle on fixe les enclumes de pilon.

Chambrière, fourchette suspendue servant à retirer les blocs de fer chauffés dans les fours.

Charnière, assemblage mobile de deux pièces de métal qui se meuvent autour d'une broche.

Charnon, se dit de chaque œil de la charnière.

Chanfrein, petite surface que l'on forme en abattant l'arête du fer.

Chaude, chauffe donnée au fer pour être forgé. — On dit que la chaude est grasse, quand le fer est presque en fusion à sa sortie du feu.

Clouyère, outil de fer percé de trous de différentes grosseurs servant à former des têtes de clous, de vis, etc.

Cohésion, force qui unit les molécules d'un corps et les constitue en une même masse.

Coke, charbon provenant de la carbonisation de la houille.

Combustible, qui a la propriété de brûler au feu. •

Combustion, état d'un corps qui se dissipe en produisant de la chaleur et de la lumière.

Contraction, rapprochement des molécules d'un corps qui a pour résultat de diminuer le volume en augmentant la densité.

Corroyage, réunion de plusieurs barres de fer ou d'acier qui doivent être soumises à un nouvel étirage.

Crasses, laitiers ou scories d'un métal en fusion.

Crevasses, solutions de continuité qui se produisent sur le fer par sa mauvaise qualité.

Criquer, se fendiller, en parlant de l'acier qui se fendille lors du refroidissement brusque dans un liquide.

D

Décantation, opération par laquelle après avoir laissé déposer une liqueur on verse doucement en penchant le vase et séparant ainsi la partie claire, qui est au-dessus de celle qui s'est précipitée.

Décaper, opération qui consiste à rendre la surface d'un métal nette et brillante en enlevant à l'aide d'un dissolvant de nature ordinairement acide, la couche d'oxyde qui s'y est formée.

Dégorgeoir, pièce en fer pourvue d'un manche en bois servant à faire les amorces d'une soudure ou à donner à certaines pièces des formes qu'elles ne peuvent obtenir qu'à l'aide de cet outil.

Densité, quantité de matière que contient un corps sous un volume déterminé.

Dépouille, inclinaison donnée à un modèle pour le faire sortir du moule.

Dilatation, augmentation du volume d'un corps par l'action de la chaleur.

Doublure, soudure manquée soit par défaut soit par excès de chaleur, espèce de continuité produite par la crasse qui s'interpose entre les surfaces à souder.

Ductilité, qualité dont jouissent certains corps et notamment les métaux de s'étendre et de s'aplatir sous le marteau et le laminoir sans se rompre.

Dureté, propriété qu'ont les corps solides de résister à ce qui tend à en entamer la substance. — La dureté du fer.

E

Ebarbage, action d'enlever au moyen d'un burin ou d'une tranche, les bavures d'une pièce de fonte ou de fer forgé.

Ebauchage, dégrossissage ou commencement d'un travail.

Ecrouir, battre un métal à froid pour le rendre plus dense et plus élastique.

Elasticité, propriété donnée à une pièce trempée.

Enclume, masse de fer acérée, habituellement portée par un bloc de bois, sur laquelle on forge.

Entenailler, assujettir des pièces de fer dans les tenailles.

Escarbilles, portions de houille qui ont échappé à une combustion complète et qui sont mêlées avec des cendres.

Etirage, action d'allonger le fer quand il est chaud pour lui donner le plus de pureté possible et l'amener aux dimensions exigées.

Etoffe, alliage de fer et d'acier dont on se sert pour faire des ressorts.

Etuve, lieu où l'on élève à volonté la température pour y faire sécher différentes substances.

Etampe, pièce en fer pourvue d'une entaille dans laquelle on place la barre de fer chaud qui en prend les formes.

Events, canaux pratiqués dans les moules pour favoriser la sortie des gaz.

F

Fibre, filament allongé dans le fer.

Flexibilité, propriété des corps que l'on peut ployer sans les rompre.

Flux, substance très-fusible dont on se sert pour favoriser la fusion de quelques autres qui le sont moins.

Fondant, qui a la propriété d'accélérer la fusion de certains corps. Fondant est, en ce cas, synonyme de flux ; le borax est un très-bon fondant.

Fraisil, cendre de charbon de terre dans une forge.

Friable, facile à réduire en poudre.

Fusible, qui a la propriété de passer de l'état solide à l'état liquide par l'effet du calorique.

G

Grue, machine dont on se sert pour élever les fardeaux.

Gueulard, ouverture supérieure d'un haut-fourneau.

Gueuse, masse prismatique de fonte coulée dans le sable au sortir du fourneau de fusion.

H

Houille, substance minérale, charbonneuse et bitumineuse qui forme un excellent combustible.

I

Ignition, action d'élever la température de certains corps de manière à leur donner un éclat particulier sans dégager de flamme.

Incandescence, état des corps chauffés jusqu'à devenir blancs et lumineux.

J

Jauge, compas d'épaisseur ou instrument de fer qui sert à mesurer le diamètre des fils de fer.

L

Laitier, masse vitrifiée opaque, formée de chaux, de silice, d'alumine et d'un peu d'oxyde de fer qui se produit dans les fourneaux sous l'influence de la chaleur, du charbon et du fondant employé.

Lopin, petite loupe composée de bouts de fer qu'on soude en une seule masse.

M

Mâchefer, scorie formée du résidu de la houille qu'on brûle dans les forges.

Maillon, anneau d'une chaîne.

Malléabilité, propriété que possèdent certains métaux de s'étendre sous le laminoir ou par le choc du marteau en lames plus ou moins minces. La malléabilité est le premier indice de la ductilité.

Marteau, instrument de percussion en fer et acier, plus ou moins pesant et de formes diverses, suivant l'usage qu'on en fait.

Marteler, battre à coups de marteau.

Marteleur, ouvrier qui, dans une forge, fait travailler le marteau-pilon.

Masselotte, excédant de métal qui reste attaché à une pièce fondue ou forgée.

Matrice, moule en fer ou en acier dont on se sert pour obtenir des reliefs.

Métis, fer composé de fer tendre et de fer dur.

Mise, pièce de fer forgé à laquelle on donne la forme propre à être soudée exactement à un autre morceau de fer.

Moine, boursouflure qui paraît quelquefois dans le fer et dans l'acier quand on le forge.

Mouillette, tringle de fer garnie de paille à l'une de ses extrémités que l'on trempe dans de l'eau pour mouiller le fer.

N

Noircissement, opération par laquelle on fait chauffer des pièces d'ouvrage pour les frotter avec de la corne de bœuf pour les garantir de la rouille.

Noir-ployant, taches brunes sur le fer qui indiquent qu'il est ductile.

O

OEil du marteau, ouverture dans laquelle il est emmanché.

OEil du pertuis, partie étroite du trou conique de la filière.

Oxydation, conversion des métaux en oxydes par leur combinaison avec une certaine portion d'oxygène.

P

Pailles du fer, écailles qui tombent du fer quand on le forge à chaud. Défaut de liaison dans la texture du fer ou de l'acier (fer ou acier pailleux).

Panne, la partie du marteau opposée au gros-bout ou tête.

Paquet, assemblage de plusieurs barres de fer soudées en un seul bloc. Trempe en paquet.

Parer le fer, dernier martelage, faire le parage.

Pilon, marteau à vapeur servant à forger les masses de fer ou d'acier les plus considérables.

Planer, rendre plan, unir en forgeant. Dresser au marteau une bande de fer, une feuille de cuivre ou de tôle.

Poule, acier poule, acier de cémentation, lequel est caractérisé par des ampoules nombreuses ou boursouflures.

Prussiate double de fer, sel obtenu par la combinaison du fer et de l'acide prussique; servant à tremper le fer à la volée.

Q

Quartz, minéral exclusivement composé de silice avec quelques traces fort légères d'alumine pure ; le quartz est employé dans les fours à réverbères.

Queue-d'aronde, espèce de tenon en queue d'hirondelle fait à une pièce de fer ou de bois, et qui doit entrer dans une entaille de même forme. Assemblage à queue-d'aronde.

Queue-de-carpe, espèce de crampon de fer plat, élargi d'un bout, ayant un ou deux scellements à tenir sur les dalles.

Queue-de-rat, espèce de lime ronde, qui sert à agrandir les trous percés dans les métaux.

R

Recuit, action par laquelle on remet au feu les métaux ductiles quand on les a battus au marteau, et qu'ils ont acquis trop de dureté.

Réfractaire, qui est difficile à fondre. Briques réfractaires.

Régénérer, reproduire un objet sous sa première forme. Régénérer l'acier ou le fer brûlé.

Registre, plaque ordinairement en tôle soit ronde, soit en parallélogramme, qu'on pousse, tire ou tourne en différents sens pour activer ou diminuer le tirage d'un fourneau.

Ressuage, action de faire chauffer le fer au blanc-soudant pour faire sortir à coups de marteau le laitier interposé entre ses parties centrales et moléculaires.

Retraindre, opération qui consiste à modeler une plaque de cuivre ou de tôle au marteau de manière à en former un vase d'une forme voulue.

Riblons, rognures d'acier. Petits morceaux de fer hors de service à refondre.

Ringard, barreau que l'on soude à un morceau de fer pour le manier plus commodément à la forge et sur l'enclume.

Rognures, parties détachées de la tôle par les cisailles.

Roses de l'acier, taches jaunes, orangées ou bleues que l'acier présente quelquefois au milieu de sa cassure.

Rouille, oxyde qui se forme par l'action de l'humidité atmosphérique à la surface du fer.

Rouverain, fer qui se casse à chaud sous le marteau et qui par conséquent est difficile à forger.

S

Saumon, gueuse prismatique de plomb ou d'étain.

Scories, matières qui se séparent pendant la fusion des métaux que l'on purifie et qui viennent se vitrifier à leur surface.

Silice, terre élémentaire du quartz.

Soffre, anneau de fer qu'on place sous la pièce de fer qu'on veut percer.

Sole, surface intérieure d'un four à réverbère où l'on place les produits que l'on veut chauffer.

Soudure, opération par laquelle on joint ensemble deux ou plusieurs métaux.

Soufflure, nom donné dans les fonderies à certaines concavités qui se forment dans l'épaisseur d'un métal quand il a été fondu trop chaud.

Soupape, espèce de couvercle placé sur une ouverture qui permet l'entrée ou la sortie d'un fluide.

Souquets, morceaux de bois qu'on met entre les tenailles et le fer qu'on veut assujettir.

Stratification, opération par laquelle on dispose par couches des corps que l'on veut combiner ensemble ; c'est ainsi que l'on convertit le fer en acier en faisant chauffer des couches de barreaux de fer que l'on a eu soin de séparer par autant de couches d'un cément dont le charbon fait la base.

Suer le fer, opération par laquelle on fait chauffer le fer au blanc-soudant pour le soumettre à la percussion du marteau.

T

Tasseau, petite enclume portative, outil de marteau-pilon.

Température, degré appréciable de chaleur qui règne dans un lieu ou dans un corps.

Ténacité, propriété d'un métal qui supporte une pression, un tiraillement considérable sans se rompre.

Tenailles, instrument de fer composé de deux espèces de

mâchoires qui s'ouvrent et se resserrent pour saisir.
Tenailles justes : celles avec lesquelles on saisit un
lopin peu volumineux ; tenailles goulues : celles qui
sont plus ouvertes.

Tendre, fer tendre qui offre peu de résistance au marteau.

Tête du marteau, partie opposée à la panne.

Texture, arrangement des parties centrales et moléculaires d'un métal.

Tisonnier, outil de fer étroit et long qui sert à attiser le
feu de la forge et à en retirer le mâchefer.]

Tranche, outil d'acier emmanché pour couper le fer,
quand il est chaud.

Tremper, tremper du fer, de l'acier, le plonger tout rouge
dans de l'eau pour le durcir.

Tuyère, tube conique de métal qui conduit le vent d'un
soufflet dans une forge.

V

Ventilateur, machine propre à produire un courant d'air
pour alimenter le feu d'un fourneau ou d'une forge.

Voiler, se voiler, se tourmenter à la trempe. État d'une
feuille de métal qui s'est voilée par suite des efforts
auxquels elle a été soumise.

Volée du marteau, la distance qui se trouve entre son
point le plus élevé et l'enclume.

II

OUTILLAGE DE FORGEUR.

III

Les forges à main sont construites en briques ordinaires, ou en maçonnerie ; les parties qui se trouvent en
contact avec la flamme sont seules en briques réfractaires, liées entre elles avec de l'argile grasse.

Dans certains établissements on a substitué à la maçonnerie une plaque de tôle que l'on adosse à un mur,
ou que l'on installe isolément, selon que la disposition
du local en permet l'édification.

Cette plaque de tôle présente ordinairement la forme
d'une cuvette allongée qui constitue à la fois le foyer et
la paillasse ou boîte à fraisil.

On édifie les forges soit séparément, soit accouplées
deux à deux, ou bien encore disposées par groupes de
quatre ; mais alors une seule hotte suffit pour les quatre
feux.

Toute forge est exécutée de manière à ce qu'elle soit
commode pour les ouvriers. Elle se compose : 1° de
l'âtre ou foyer ; 2° du contre-cœur ou paroi perpendiculaire à l'âtre ; 3° d'une tuyère ou deux suivant le cas, en
communication avec la source du vent arrivant sur le
foyer.

La tuyère doit être placée de telle façon que l'air puisse
traverser toute la masse du combustible disposé sur

l'âtre, sans être en contact direct avec la pièce à chauffer, c'est-à-dire que son axe doit être à la hauteur du plan supérieur de la forge.

La hauteur moyenne d'une forge à main pour le travail des grosses pièces peut varier entre 60 et 65 centimètres ; celle des petites forges atteindra 70 à 75 centimètres sans inconvénient. Ces dernières forges sont le plus souvent pourvues d'une voûte établie au ras du sol servant de dépôt au charbon ; la figure 32, *pl.* 4, représente une forge à main munie de ses apparaux.

Les forges destinées à recevoir des pièces pesantes doivent être pleines et isolées ; une voûte nuirait à leur solidité.

Le combustible est placé soit dans une bâche, soit ailleurs, mais toujours à proximité du feu.

Ces forges varient dans leurs formes ; il est souvent bon de tenir compte des vues du maître forgeron à cet égard.

Disons cependant que leurs meilleures conditions d'établissement, tant au point de vue de la solidité qu'à celui de la commodité, nous semblent être les formes circulaires et rectangulaires à pans coupés.

La forme circulaire se prête bien aux travaux de la chaudronnerie ; elle permet mieux, en effet, la circulation autour du foyer pour conduire le feu, qui a souvent beaucoup d'étendue, en raison de la nature des pièces à chauffer. Cette forme est aussi préférable quand il s'agit de mettre en œuvre des massifs.

L'enclume est en fer forgé ; *fig.* 33, *pl.* 4. elle se compose 1° d'une table ou partie plane, 2° de deux bigornes. Ces trois parties sont acérées ; l'une des bigornes, dite ronde, a la forme d'un tronc de cône, dont la base est adhérente à la table; la bigorne dite carrée, a la forme pyramidale, dont la base s'appuie également à la table de l'enclume, 3° de pieds formés d'une espèce d'arcade reposant sur un bloc de bois noyé en partie dans le sol. S'il s'agit de travailler des pièces de grosses dimensions, le billot ou bloc de bois sur lequel repose l'enclume doit être mobile sur le sol afin d'en permettre le déplacement selon les travaux à exécuter.

La bigorne ronde est toujours située à gauche du maître forgeron; quant à la hauteur de l'enclume, elle est déterminée d'après celle de la forge, c'est-à-dire qu'elle doit être à peu près la même, mesure prise de la table au sol.

Pour la manœuvre des pièces lourdes de l'âtre à l'enclume et réciproquement, il convient que chaque feu soit pourvu d'une petite grue ou potence mobile *fig.* 34, *pl.* 4, dont la volée peut atteindre jusqu'en deçà de l'enclume ; cette grue est indispensable, puisque seule, elle permet de manier avec facilité des pièces d'un poids considérable.

Habituellement, on la dispose de manière à servir à deux forges voisines l'une de l'autre, si toutefois la position des forges le permet.

L'outillage et le matériel d'un feu de forge à main, consiste en marteaux à main, marteaux à frapper devant, marteaux dits rivoirs, tenailles, tranches, compas droit, compas courbe, équerre, clouyères, étampes, poinçons, mandrins, chasses, matrices, étau à chaud, pelles en fer, tisonniers, mouillette, seau en bois, bâche à combustible, bâche à eau, etc.

La bâche à eau est le plus souvent placée devant la

forge comme l'indique la *fig.* 35, *pl.* 4 ; elle est destinée
à recevoir la mouillette qui se compose d'une tringle en
fer ayant 1 mètre à 1 mètre 20 de longueur, sur 12 à
14 millimètres de diamètre, tournée en anneau à l'une
de ses extrémités, et de l'autre garnie de paille ou de
vieux chiffons ; la mouillette est un outil indispensable
qui sert à l'entretien du feu de la forge, soit pour amor-
tir la violence de la flamme qui se produit à la surface
de la houille, soit pour la concentration du feu ; enfin la
bâche sert également à refroidir les tenailles, ou le fer
chaud, quand il y a lieu.

Dans certains établissements de forges, où l'on possède des tuyères spéciales, la bâche à eau est placée derrière le contre-cœur de la forge, ou paroi perpendiculaire à l'âtre ; un tuyau est adapté à la base de la bâche,
communiquant avec une tuyère à doubles parois ; l'eau
qui se trouve constamment entre ces parois le tient à un
degré constant de température qui en prévient la détérioration par le contact du feu.

IV

DES CONNAISSANCES PRATIQUES SUR L'ART
DE LA FORGE.

L'art du forgeron exige non seulement de l'habileté
manuelle, mais encore des connaissances spéciales, que
nous allons examiner sommairement.

Il faut d'abord qu'il sache sûrement juger le degré de
chaleur nécessaire pour souder deux métaux entre eux
et, s'ils sont pailleux, en obtenir néanmoins une pièce
saine et compacte, propre à être mise en œuvre, selon
le but déterminé d'avance.

La connaissance des fers et des aciers, celle des divers
charbons employés à la forge ne lui sont pas moins utiles.

Il en est de même de tout ce qui touche à la chaufferie
que le forgeron n'apprendra à conduire d'une façon in-
telligente qu'à la suite d'une longue pratique et en tenant compte de la nature des métaux employés et des
travaux à exécuter.

L'action du soufflet ou du ventilateur, la position du
métal disposé plus ou moins près de la tuyère, sont
autant de problèmes à résoudre, et beaucoup d'ouvriers
n'y arrivent qu'avec le temps et un bon enseignement.

Ils doivent s'appliquer aussi à distinguer les qualités
variables des métaux, selon leur provenance et leurs divers procédés de fabrication.

Enfin, comme complément indispensable de leur savoir, il faut qu'ils dessinent, ou tout au moins qu'ils puissent lire, sans intermédiaire, les plans des travaux qui leur sont confiés et en faire eux-mêmes les gabarits ; cette connaissance exercera leur coup d'œil et leur facilitera l'exécution des formes nombreuses à donner aux pièces forgées.

Avant d'aborder son travail, le maître forgeron devra l'étudier avec soin ; il ne perdra pas de vue la forme à donner et la qualité du fer qu'il va employer ; car cette qualité lui permettra. de déterminer sûrement à l'avance le degré de chaude à donner.

Il devra s'assurer que tous les outils dont il va avoir besoin sont sous sa main ; il évitera ainsi toute perte de temps. Le marteau à main sera placé sur l'enclume, le manche parallèlement à la bigorne carrée.

La table de l'enclume devra toujours être entretenue dans un parfait état de propreté pendant tout le temps qu'on y bat le fer. C'est en ayant l'attention d'en enlever les paillettes et tout autre corps étranger qu'on obtiendra des pièces forgées d'une netteté irréprochable.

Lorsque le travail des pièces touchera à sa fin, on forgera à l'eau, c'est-à-dire que pendant que le maître forgeron travaillera le fer sans interruption avec un frappeur ou deux, s'il y a lieu, un troisième frappeur mouillera l'enclume soit en tenant la mouillette au-dessus du fer chaud, soit au moyen des marteaux que les frappeurs mouillent de temps en temps dans un seau d'eau. Cette eau, en se décomposant au contact du fer chaud, en détache les paillettes d'oxydes et les scories qui adhèrent à la surface du métal ; cette opération s'appelle *parage du fer à l'eau*. Cette manière de parer le fer produit une couche superficielle plus dense qui rend la pièce forgée plus tenace.

Le maître forgeron et son frappeur concourent mutuellement au maintien constant de la forge en parfait état de propreté : aucun outil emmanché n'y doit jamais séjourner ; les seuls qui y restent à demeure sont : la petite pelle à charbon servant à l'entretien du feu, les tisonniers et les tenailles nécessaires au travail en cours d'exécution.

Le maître forgeron se tiendra debout, devant l'enclume ; il aura la bigorne ronde à sa gauche, un marteau à main dans la main droite et le métal à forger dans la main gauche, les yeux fixés sur le travail, la tête toujours tenue en deçà de la table de l'enclume, et légèrement inclinée, ainsi que le corps, afin d'éviter d'être atteint par le marteau du frappeur.

Le pied droit du maître forgeron touchera à peu près le billot de l'enclume, son pied gauche sera porté en arrière, selon la conformation de l'homme, de manière à ce qu'il ait une position naturelle exempte de gêne.

Le jarret droit sera légèrement ployé, le gauche tendu sans raideur.

Le frappeur, soit droitier, soit gaucher, se tient devant l'enclume, à peu près dans la même position que le maître forgeron, auquel il fait face et prêt à frapper avec son marteau qu'il tient des deux mains : la gauche au bout du manche, la droite écartée de celle-ci, selon sa conformation physique, de manière à ce qu'aucun de ses mouvements ne soit gêné. Il est attentif à frapper le fer où le maître forgeron le frappe lui-même avec son marteau à main ; si le maître frappe sur une partie de la pièce, c'est pour indiquer au frappeur l'endroit où celui-ci doit frapper lui-même. Le maître forgeron doit rabattre sur son frappeur, c'est-à-dire qu'il doit donner vivement son coup de marteau après celui du frappeur, de manière à ce qu'il s'ensuive une sorte de roulement alternatif des deux marteaux : c'est la meilleure manière d'accélérer le travail, tout en le menant à bien.

Pour prévenir la rencontre des deux marteaux, ce qui est toujours dangereux, le frappeur a le soin, après chaque coup, de retirer son marteau vers lui, avant de le relever pour continuer à frapper le fer.

Le signal du maître forgeron pour faire cesser de frapper, sera toujours un coup de marteau à main donné sur le métal forgé, suivi de plusieurs coups précipités sur l'enclume.

V

CONSIDÉRATIONS TECHNIQUES SUR LA FORGE.

Chaudes. — On sait que l'expression chaude signifie le degré de température auquel le fer ou l'acier sont soumis.

Les chaudes se distinguent par la couleur que prend le métal chauffé.

Ces couleurs sont le rouge-sombre, le rouge-cerise, le rouge-blanc et le blanc-soudant.

Manipulation du métal sur le foyer de la forge. — Le métal à chauffer doit être placé sur les charbons incandescents avec précaution à une distance de quelques centimètres du trou de la tuyère, et un peu au-dessus. Il faut veiller attentivement à ce qu'il conserve cette position pendant toute la durée de la chaude; si on le laissait s'enfoncer dans le fraisil. il en résulterait certainement une très-mauvaise chaufferie, et par la suite, un travail défectueux.

La surveillance de la chaufferie demande une attention soutenue. L'œil n'y suffit pas toujours; il faut employer un tisonnier pénétrant dans le feu à travers les charbons, qui permet à l'ouvrier de se rendre compte du degré de la chaude.

Pour obtenir l'égalité de température voulue dans une masse de fer chauffée, il est absolument nécessaire de

le tourner en tous sens afin que toutes ses parties acquiè-
rent le même degré de chaleur.

Chauffage. — Toutes les fois qu'un fer présente un ca-
ractère pailleux, il doit être chauffé au blanc-soudant.
Il en est de même pour tout fer destiné à perdre ses premières formes pour en prendre de nouvelles.

Charbon de forge. — On emploie ordinairement pour
chauffer le fer les houilles grasses ou charbon de terre,
le coke ou résidu de la distillation de la houille, et enfin le
charbon de bois, qui est aussi un résidu du bois distillé
ou de sa combustion incomplète.

Leur emploi. — La houille doit être mouillée de manière à former une espèce de mortier avant d'être employée à la forge.

Le coke est employé généralement pour chauffer de
forts morceaux de fer qu'il y a lieu d'élever à une haute
température. Quand on l'emploie il convient de le casser
préalablement en petits morceaux variés.

Quant au charbon de bois qui est le plus cher mais
qui est plus pur que les précédents, il n'est guère employé que par les taillandiers qui en font habituellement
le plus usage.

Décrassement. — Le décrassement devient nécessaire
quand l'air qui arrive à la chaufferie est insuffisant pour
entretenir l'activité du feu. L'encrassement résulte soit
de l'adhérence du mâchefer au trou de la tuyère, soit de
la présence du fraisil en excès, encombrant également
cet orifice.

Le mâchefer est préjudiciable à une bonne chaufferie ;
il faut donc s'en débarrasser si on veut obtenir avec cer-
titude et économie la température à donner au métal
chauffé.

PROPRIÉTÉS PHYSIQUES DES MÉTAUX.

De la couleur du fer. — Le fer brut est généralement couvert d'une couche grise noirâtre due à l'oxydation du métal.

La véritable couleur du fer est le gris-clair avec éclat métallique, mais elle est soumise à beaucoup de variations sous le rapport du brillant et de l'intensité. Lorsque le fer est à la fois blanc et brillant, ou terne et foncé en couleur, c'est un indice de sa mauvaise qualité. Il est bon au contraire, lorsqu'il est blanc et terne, ou brillant et foncé en couleur. Une couleur claire légèrement bleuâtre et un éclat très-vif sont les signes auxquels on reconnaît le fer brûlé ; si la couleur tire sur le blanc, c'est l'indice d'un fer cassant à froid. Le fer rouverain se reconnaît à sa couleur foncée presque dépourvue d'éclat ; lorsque la couleur rembrunit davantage et qu'elle devient encore plus terne, c'est la marque d'un fer mou et cassant.

L'acier a une couleur blanc-grisâtre, approchant quelquefois du blanc et jamais du bleu. (Il est bien entendu qu'il ne s'agit ici que de l'aspect de la cassure et non pas du brillant qu'on peut donner à l'acier en le polissant.)

De la texture du fer. — On juge de la qualité du fer par sa texture, sa couleur et son éclat. Il est donc de toute nécessité de bien connaître la texture de ce métal, et on ne peut s'en rendre compte que sur une cassure fraîche.

Lorsque le fer est très-pur, sa texture est grenue. Si l'on veut l'examiner, il est important de tenir compte de la grosseur des barres; sinon on peut tomber dans de graves erreurs : le fer carré ne doit pas avoir moins de 30 millimètres d'épaisseur et le fer plat moins de 15 millimètres d'épaisseur.

Les cassures qui n'ont ni lames ni facettes, mais qui présentent des pointes déliées annoncent un fer nerveux et résistant.

La cassure lamelleuse ou à facettes plus ou moins grosses est toujours un signe de mauvais fer. Le fer est brûlé si le tissu est à lames en forme d'ardoises, cassant à froid, si les lames sont très-minces et qu'elles se détachent comme des écailles.

Un fer mal affiné se reconnaît aux facettes entremêlées de filaments.

Pour examiner une cassure avec beaucoup de soin, il faut se placer à l'ombre et présenter la cassure aux rayons du soleil.

De la dureté du fer. — On entend par dureté, la résistance opposée à l'action d'une force extérieure par les particules d'un corps sollicitées isolément; elle se manifeste lorsqu'on veut rayer, couper, forcer, et en général quand les particules d'un corps s'opposent successivement aux progrès d'une force qui tend à s'interposer entre elles. On peut même la reconnaître avec le marteau, si toutefois il s'agit seulement de faire céder le point même soumis au choc, et s'il n'est pas question de la résistance du corps entier dans le sens de son épaisseur.

De la tenacité du fer. — Nous appellerons tenacité d'un corps, la résistance que toutes ses parties sollicitées à la fois

peuvent opposer à une puissance extérieure qui tenterait
d'en rompre la continuité. Cette résistance peut se mani-
fester de différentes manières : soit comme ductilité,
élasticité, flexibilité, soit comme raideur. Un corps est
ductile lorsqu'il s'allonge, étant sollicité par deux forces
agissant en ligne droite et dans une direction opposée,
pour séparer ses parties. Si les deux forces dirigées en
sens opposé compriment le corps, on en éprouve la malléabilité. Si la force fait un angle avec la direction suivant
laquelle les molécules tendent à se rapprocher, le corps
résistera, ou par sa flexibilité ou par sa raideur. Enfin
s'il reprend sa forme première après que la force extérieure aura cessé son action, il sera doné de plus ou
moins de ressort ou d'élasticité.

VII

PROPRIÉTÉS DES DIVERSES QUALITÉS DE CHARBON.

Disons tout d'abord que la terre renferme des masses considérables de combustibles minéraux. Ces combustibles sont les houilles, les lignites et les anthracites.

La houille grasse, vulgairement appelée charbon de terre, est un des combustibles les plus importants et les plus propres à la chaufferie des métaux; elle est d'un noir et d'un aspect bien caractéristique. Au feu elle éprouve une espèce de fusion pâteuse, qui lui permet de résister au vent qui alimente sa combustion, en même temps qu'elle forme une espèce de voûte solide qui concentre la chaleur sur le fer.

La chaleur produite par cette houille est très-forte; la flamme en est longue et d'une blancheur éclatante; elle doit ses propriétés au bitume qu'elle renferme en très-grande quantité. Elle renferme en outre, en plus ou moins grande quantité, des matières sulfureuses nuisibles pour la chaufferie du fer et de l'acier.

Les houilles grasses (maréchales) sont les plus convenables pour la forge; la plus estimée est celle de Saint-Etienne (France), puis celle de Mons (Belgique).

Les houilles grasses à longue flamme sont employées très-avantageusement sur les grilles.

Les houilles sèches à longue flamme sont également

brûlées sur les grilles, mais avec bien moins d'avantages que les précédentes.

Les houilles sèches à courte flamme ne sont guère employées que pour la cuisson des briques et de la chaux.

Les lignites ne servent guère que pour le chauffage domestique. Il en est à peu près de même des anthracites.

Le coke, qui est le résidu de la distillation de la houille, s'allume difficilement et brûle presque sans flamme; mais aucun combustible ne produit une température aussi élevée que lui.

C'est en vertu de cette dernière propriété qu'on s'en sert très-avantageusement à la forge. Toutefois, nous avons déjà dit qu'il n'y était employé qu'en qualité de combustible intermédiaire avec la houille, et concassé par petits morceaux de grosseurs variées.

Le charbon de bois, qui est le résidu de la distillation du bois ou de sa combustion incomplète, brûle assez bien, et peut être également employé à la forge; mais il a l'inconvénient de brûler trop activement, et ne permet que difficilement de porter le métal à la température de blanc-soudant. De plus, pendant sa combustion, il pétille et lance de vives étincelles, très-incommodes pour l'ouvrier que cela gêne pour étudier le degré de température du métal, et dont la vue peut en être affectée.

En dehors de ces inconvénients, le charbon de bois a des propriétés particulières qui le font employer avec avantage pour le forgeage des objets de taillanderie, parce qu'il désoxyde les métaux.

Cette propriété que possède ce charbon de s'emparer des différents oxydes contenus dans l'acier, fait qu'on s'en sert pour rendre ce métal plus homogène et augmenter ses qualités essentielles : la dureté et l'élasticité.

VIII

Exposons les procédés pratiques relatifs à l'allumage et à la conduite du feu d'une forge à main. De ces opérations dépend la parfaite réussite du travail à exécuter.

La préparation du feu varie naturellement selon les pièces à chauffer et en raison de leur surface. Nous savons déjà qu'il faut avoir soin de mouiller la houille avant de l'employer à la forge, et que cette opération préalable a pour but de lui donner plus de cohésion et de l'agglomérer dès qu'elle commence à s'allumer; elle forme alors une espèce de voûte sous laquelle la chaleur se trouve très-concentrée.

S'il s'agit de corroyer un lopin ou de chauffer deux pièces à la fois dans le même feu, on établit la chaufferie soit au moyen d'une voûte près de la tuyère, soit en établissant un contre-feu, ce qui est toujours préférable.

En effet si on veut opérer une soudure et faire servir le feu pour plusieurs chaudes, il faut établir un contre-feu; à cet effet on commence par mouiller le fraisil existant sur la forge avant de le bien tasser à la hauteur de la partie inférieure du trou de la tuyère.

Il faut aussi conserver sur la paillasse (foyer) de la forge une certaine quantité de fraisil, destiné à ménager l'action du feu, tout en ayant le soin d'expurger le mâchefer.

L'excédant du fraisil est retiré du foyer; dans le fraisil tassé, à l'aide de la petite pelle à forge, on pratique alors une tranchée sur le prolongement du trou de la tuyère; le fond de cette tranchée reste au niveau de la partie inférieure de la tuyère. Cette tranchée est destinée à recevoir une tige de fer rond, à peu près du même diamètre que le trou de la tuyère et dont l'une des extrémités pénètre dans l'orifice de cette dernière.

Ces dispositions préliminaires étant prises, on recouvre le fraisil et la tige avec du charbon de houille menu et bien mouillé, auquel on donne généralement soit la forme d'un trapèze *fig.* 36, soit celle d'une demi-circonférence, *fig.* 37. La tige est ensuite retirée, en la

Fig. 36.   Fig. 37.

faisant tourner sur elle-même afin de laisser intact le passage par lequel arrivera l'air nécessaire à la chaufferie qui est disposée au bout du contre-feu; le foyer est naturellement établi selon la dimension des pièces à travailler.

Le contre-feu a pour effet d'utiliser le mieux possible l'air provenant de la tuyère, de permettre de chauffer à volonté des pièces plus ou moins fortes et de resserrer ou d'élargir le feu en raison des besoins du moment.

En outre, le contre-feu est indispensable pour le soudage des petites pièces, il économise le charbon et conserve la tuyère que les feux courts détériorent rapidement.

Le feu est allumé ; on donne le vent, le métal est mis au feu un peu au-dessus de l'orifice de la tuyère ; on le recouvre ensuite avec de la houille qui doit être disposée en forme de calotte ou de voûte. Pour que l'air se répande bien en divergeant sur toutes les surfaces chauffées, il convient de dégager de temps en temps à l'aide d'un tisonnier l'orifice qui l'amène, celui-ci pouvant être obstrué, soit par un gros morceau de charbon, soit par le mâchefer, soit encore par le fraisil en excès. Si le trou se bouchait, on le dégagerait soit avec le tisonnier, soit avec la pelle à forge ; cette opération n'a lieu le plus souvent qu'à la suite d'une chaude suante.

D'autre part, pour que la chaleur soit toujours très-intense, on ramasse le charbon, bien tassé au-dessus du fer chaud et on y jette de l'eau afin d'obtenir que le métal chauffé soit entouré d'une espèce de calotte à sa partie supérieure et d'une voûte à réverbère en dessous.

S'il se forme une échappée par où sortent le vent et la flamme, on se hâte de la boucher avec du charbon mouillé afin de ne pas perdre une partie du calorique engendré.

Un bon chauffage du fer est essentiel ; pour l'obtenir, il faut éviter que le vent de la tuyère arrive directement sur le métal qui s'encrasserait et s'échaufferait lentement. La meilleure méthode consiste à placer la pièce à chauffer au-dessus et un peu en avant de la tuyère de manière à éviter le contact direct du courant d'air ; il faut aussi avoir le soin de retourner assez souvent la pièce sens dessus dessous pour faire pénétrer la chaleur partout bien également.

A mesure que la chaude avance, il faut conduire le vent selon le résultat qu'on se propose d'obtenir ; s'il s'agit de souder un lopin d'assez forte dimension, on ralentit ordinairement un peu la chaufferie, au moment où le métal commence à atteindre le blanc-soudant, température à laquelle s'obtient la soudure du fer ; toutefois cet arrêt ne doit pas excéder une ou deux minutes au plus, sans quoi le fer s'encrasserait inévitablement au contact des scories liquides ; ce temps d'arrêt a aussi pour but de laisser pénétrer la chaleur, jusque dans les parties centrales du métal.

On aura soin d'activer fortement l'émission de l'air dès qu'on fera marcher de nouveau la soufflerie, afin que l'action de la chaleur ne diminue pas à l'instant où le métal est retiré du feu pour être soumis au martelage. On doit enlever la pièce promptement en ayant soin qu'elle ne touche pas le fraisil qui, s'il s'attachait à sa surface, nuirait à l'opération du soudage.

Afin d'éviter les graves inconvénients résultant toujours d'une chaufferie défectueuse, nous allons exposer le plus brièvement possible ce qui se passe pendant la chaufferie du fer.

Quand un morceau de charbon arrive à la fin de sa combustion, il passe à l'état de fraisil pour se transformer ensuite en une crasse produite par la combinaison des impuretés de la houille avec le fer. Ces crasses sont composées en majeure partie de silicates de fer qui en-

trent pour la plus grande proportion dans la combinaison des laitiers et des scories des forges.

Si on laisse le fer au contact de ces scories qui l'iso-
lent du foyer de chaleur, on peut amener l'oxydation du
fer par l'air provenant de la soufflerie qui frappe directement sur le métal porté au blanc-soudant ; il se recouvre
alors promptement d'une pellicule noire d'oxyde qui s'en
détache et jaillit en étincelles ; il en résulte une diminution des dimensions du fer ainsi comburé.

Quand il s'agira de chauffer un gros bloc de fer à une
température de blanc-soudant, on emploiera du coke concassé, qu'on introduira sous la voûte de charbon ardent ;
le coke par sa combustion développant une plus haute
température que la houille.

Toutefois, le coke n'est guère employé à la forge avec
avantage que comme combustible intermédiaire, c'est-à-
dire adjoint à la houille.

Enfin un autre inconvénient. peut-être encore plus
grave, doit être évité : c'est le contact du fer chauffé à
blanc avec le charbon frais, accident provenant, le plus
souvent, de la rupture de la voûte de chaufferie. Il se
produirait dans ce cas une combinaison du fer avec le
charbon, combinaison qui altérerait ses propriétés et le
rendrait cassant.

IX

INCONVÉNIENTS DU SOUFRE ET DU CUIVRE DANS LE FEU DE LA FORGE.

Nous avons déjà parlé de l'influence du soufre sur les métaux, et dit que les houilles contenaient du soufre en plus ou moins grande quantité.

Il est donc de toute nécessité que les ouvriers forgerons connaissent le moyen d'atténuer cette influence.

Ce moyen est très-simple. Il consiste à jeter dans le feu de la forge une poignée ou deux de sel marin (chlorure de sodium) lorsque le fer est prêt à souder; le sel se disperse en pétillant et entraîne avec lui le soufre qui peut nuire au soudage.

Un autre empêchement au complet soudage du fer, provient du cuivre qui peut se trouver dans le charbon après qu'une pièce en fer ou en cuivre a été brasée dans la forge; cet inconvénient, il est vrai, ne se produit ordinairement que dans les petits ateliers où il n'y a, le plus souvent, qu'une forge ou deux au plus, servant à toutes sortes de travaux.

Il arrive alors le plus souvent qu'on manque la soudure, si le forgeron n'a pas nettoyé son feu, ou si des parcelles de cuivre sont restées dans le charbon. Dans ce cas, il est nécessaire d'y remédier promptement, en mettant en pratique le même procédé que pour le soufre.

Il peut arriver aussi que les pièces à souder aient été brasées; ces pièces ont encore, dans les parties où la brasure a eu lieu, du cuivre qui, à l'état liquide, s'est infiltré dans les pores du fer, et s'y est dilaté par l'opération de la brasure.

Beaucoup d'ouvriers ont l'habitude, pour ce genre de travail, de limer les pièces à froid et même à chaud, mais ils ne réussissent qu'imparfaitement à enlever le cuivre.

Voici un moyen plus sûr pour souder ensemble deux morceaux qui auraient été brasés, ou un morceau brasé avec un autre morceau sain. On chauffe le métal garni de cuivre à la température de blanc-soudant, comme s'il n'avait pas été brasé, et, en le retirant du feu, on a soin de relever les bouts soudants et de les apporter sur l'enclume verticalement; le cuivre, devenu liquide, descend alors et le fer se soude facilement.

Observation sur l'emploi du sel à la forge. — Lorsqu'on emploie du sel pour faire évaporer le cuivre ou le soufre, il faut avoir soin de se garantir les yeux, car le sel jeté dans le feu pétille, jaillit dans toutes les directions et peut occasionner des accidents fâcheux.

DEUXIÈME PARTIE.

———

ESSAIS DES FERS A CHAUD ET A FROID.

TRAVAIL DU FER A LA FORGE A MAIN. — DES SOUDURES DU FER. — BRASER.

TRAVAIL A LA FORGE A MAIN DES BOULONS ET DES ÉCROUS A SIX PANS.

RECUIT DES PIÈCES EN FER APRÈS LEUR FINI DE FORGE.

VERNIS A CHAUD POUR PRÉSERVER LES FERS DE LA ROUILLE.

I

ESSAIS DES FERS A CHAUD ET A FROID.

Pour essayer une barre de fer on la chauffe au rouge-clair dans une forge à main; on la replie alors sur elle-même, puis on la redresse, et, dès qu'elle est revenue au rouge-sombre, on la replie de nouveau; jusque-là, s'il n'y a pas eu rupture, le fer est de bonne qualité; on le laisse alors refroidir entièrement pour le redresser à froid.

Suivant les dimensions et la nature du métal à essayer, on l'entaille à chaud à l'aide d'une tranche pour le plier ensuite et le redresser; et l'on opère pour le reste comme il vient d'être décrit plus haut.

On l'essaye à froid en pratiquant à l'aide d'une tranche une entaille, ou en faisant une saignée sur le contour de la section de la barre, soit au moyen d'un burin soit à l'étau limeur; on la plie ensuite à froid dans cette partie, ce qui amène la rupture et met à découvert la texture du métal.

Les essais à chaud montrent si le fer est cassant au rouge-clair ou au rouge-sombre, ou à ces deux températures, ou enfin s'il résiste à l'une ou à l'autre.

Les essais à froid indiquent si le fer est fort ou tendre. Le fer tendre casse net, la cisaille le brise, mais ne le coupe pas; il craque sous cet outil.

Ou peut encore essayer le fer en perçant deux trous

à chaud sur la section de la barre ; on a soin de percer ces deux trous dans un sens opposé, de façon que l'un se trouve pratiqué dans le sens de la veine, et l'autre dans le sens opposé ; ces essais ont pour effet d'apprécier rapidement si le soudage du métal est parfait, c'est-à-dire s'il n'est point pailleux ; on juge en même temps de sa tenacité.

On peut voir d'après la cassure à froid, et jusqu'à un certain point, si le fer est cassant à chaud : si le nerf présente des solutions de continuité perpendiculaires à sa section, c'est-à-dire si les faisceaux forment pour ainsi dire des lames, ce qui n'existe pas dans les fers bons à chaud, on doit en conclure que le fer est de mauvaise qualité.

Les fers forts résistent à la rupture à froid. Leur cassure est généralement fibreuse, et leur qualité est d'autant meilleure que leur nerf est plus blanc, plus long. plus fin et plus uniforme ; la cisaille les coupe comme une substance molle sans les rompre.

Le fer brûlé se comporte de la même manière sous la cisaille que le fer tendre, auquel il ressemble beaucoup. Le fer cassant à chaud est aussi appelé fer *rouverain ;* ce fer paraît devoir cette imperfection à l'union de quelque autre métal qui altère sa qualité.

Enfin on distingue également deux espèces de fer cassant à froid. Le premier doit cette propriété à ce qu'ayant été mal travaillé dans les affineries, le charbon qu'il contenait, à l'état de fonte, n'a pas été entièrement ou également brûlé, de sorte qu'il conserve des qualités aciéreuses. Le second doit la même propriété au phosphore ou à l'acide phosphorique avec lesquels il était combiné à l'état de minerai, et dont le travail du haut fourneau ne l'a point purgé entièrement.

II

TRAVAIL DU FER A LA FORGE A MAIN.

Nous savons que pour forger du fer ou de l'acier on soumet le métal à un feu de forge qui le rend plus ou moins mou; on peut alors lui donner une forme déterminée en le martelant sur une enclume.

Toutefois, nous devons dire avant tout que le forgeage à main ne peut s'appliquer avec avantage et facilité qu'aux pièces dont le poids ne dépasse pas 100 kilos. Au-dessus de ce poids, le forgeage mécanique permet seul de travailler le fer avec facilité et économie.

Chaque fois qu'un ouvrier voudra faire une pièce propre, bien parée et délicate, quelle que soit sa nature ou sa forme, il devra toujours employer du fer ou de l'acier un peu fort de calibre, de manière à pouvoir lui donner une chaude suante, pour réunir les molécules du métal et en détruire les pailles.

Quand, au contraire, on prend du fer ou de l'acier ayant des dimensions trop faibles, le métal doit être refoulé pour donner à la pièce les dimensions convenables; il en résulte que ses fibres se séparent, que des pailles se produisent, et si le travail n'est pas conduit par un ouvrier habile, il est dénaturé par tous ces accidents et ne peut par suite produire une pièce saine et sans défauts.

De plus, le fer est beaucoup moins nerveux parce qu'il n'a pu se prêter aussi bien aux opérations qui lui sont propres.

Le degré de température auquel on amène le fer ou l'acier porte le nom de chaude.

Les chaudes se distinguent par la couleur que prend le métal chauffé.

Ces couleurs sont :

$$
\begin{array}{ll}
\text{Le rouge-sombre} \ldots & 700° ; \\
\text{Le rouge-cerise} \ldots & 1000° ; \\
\text{Le rouge-blanc} \ldots & 1300° ; \\
\text{Le blanc-soudant} \ldots & 1400°.
\end{array}
$$

A la chaude de blanc-soudant, ou chaude suante, le fer est soudé à lui-même, ou à chaude portée ; cette température convient également pour le corroyage, qui consiste à souder plusieurs barres les unes sur les autres, et à étirer ensuite le paquet ainsi formé. Par cette opération qui améliore considérablement la qualité du fer, on lui donne du nerf et de l'homogénéité ; cependant, lorsque, par une série de chaudes répétées ou mal conduites, on dépasse l'état nerveux, le fer est dit brûlé, le nerf qui existe encore a perdu son éclat métallique, et, lorsqu'il est à texture grenue, il présente souvent des irrisations qui tiennent à ce que tout le carbone qu'il contenait a pu brûler et même le faire s'oxyder un peu, ce qui lui fait perdre une grande partie de sa tenacité.

A la chaude rouge-blanc ou chaude grasse, le fer est étiré, façonné, modifié dans ses formes ou dimensions.

A la chaude rouge-cerise, on corrige les défauts de la pièce obtenue à la chaude rouge-blanc.

Enfin, la chaude rouge-sombre, la plus faible température à laquelle il convient de forger le fer et qui correspond à 700° environ, est donnée le plus souvent à la pièce finie pour dilater le métal et permettre aux molécules de reprendre leur état primitif.

L'opération du recuit est celle par laquelle on enlève à la pièce forgée l'aigreur qu'elle avait contractée pendant le travail du forgeage, alors que sur la fin de l'opération on continue de marteler encore le fer redevenu noir.

Nous avons dit, au commencement de ce chapitre, que dans le travail du fer et de l'acier on devait toujours prendre le métal plutôt plus fort que plus faible, que ce moyen offrait évidemment plus de sécurité pour une parfaite réussite dans le travail; ajoutons que le plus souvent lorsque l'un de ces métaux doit être étiré, et amené par ce travail aux formes plus ou moins variées qu'exige l'industrie, cette opération qui, fréquemment est assez mal conduite par des ouvriers inexpérimentés, rend le métal pailleux, bien qu'il ait subi l'opération préalable d'une chaude suante; cela provient évidemment de la manière dont l'opération de l'étirage du métal a eu lieu.

Nous allons essayer d'expliquer la série de travaux nécessaires pour la mener à bonne fin. Prenons pour exemple un bloc de fer à section circulaire, et dont les dimensions excèdent considérablement celles de la pièce à fabriquer : si la pièce à forger doit avoir une section circulaire, que l'opération du forgeage ait lieu au marteau-pilon, ou à la main, la première chaude doit toujours être donnée suante (pour le fer seulement); on étire ensuite le métal de forme quadrangulaire, jusqu'à ce qu'il soit réduit aux dimensions très-approximatives qu'il convient de donner à la pièce, pour lui faire prendre ensuite la forme octogonale, ce que les ouvriers appellent étirer à huit pans.

Toutefois, si, dans cette deuxième forme, le fer était devenu pailleux, l'opération d'une chaude suante deviendrait par ce fait indispensable avant de soumettre la pièce de forge à aucun autre genre de travail; mais, dans tous les cas, que le métal soit devenu ou non pailleux dans la deuxième opération précitée, le travail d'une chaude suante ne peut que contribuer à son amélioration. Il est bien entendu qu'il ne s'agit ici que du fer ductile.

Disons aussi que dans certaines circonstances, lorsque la chaufferie du fer doit être prolongée, on dérobe le métal au contact de l'air en le tenant enveloppé soit d'une couche de matière liquide formée avec de la terre d'argile, soit de sable projeté sur ses surfaces, lorsqu'il commence à entrer à la température de blanc-soudant.

Nous devons ajouter qu'on doit toujours hâter les chaudes et ne pas laisser le métal trop longtemps dans le feu. On obtiendra moins de déchet et le métal aura acquis de nouvelles qualités, tandis qu'au contraire si le fer languit dans le feu, il s'oxydera et perdra de sa ténacité.

En passant de la forme quadrangulaire à l'octogonale, pendant l'étirage, lorsque le métal a atteint les dimensions voulues, il reprendra une surépaisseur sur les parallèles ou faces qui formaient tout d'abord la section quadrangulaire; or cette surépaisseur donnera évidemment le moyen de faire subir à la pièce une chaude suante, sans qu'il en résulte aucun inconvénient pour la bien travailler.

En effet, que la pièce de fer soit destinée à recevoir une forme méplate, c'est-à-dire à section rectangulaire, ou qu'on doive lui conserver la forme quadrangulaire, le métal conservant ses arêtes pendant tout le travail de forge auquel il est soumis, il est peu probable qu'il devienne pailleux.

Il en serait tout autrement s'il n'avait pas reçu préalablement une première chaude suante, avant d'être travaillé.

Répétons qu'il s'agit toujours ici de fer ductile.

Les travaux de forge, pour le fer et l'acier, comportent beaucoup de précautions qui les accélèrent. Elles sont le résultat de l'intelligence et de la pratique éclairée des ouvriers qui les exécutent.

S'il s'agit, par exemple, de séparer d'une barre de métal une pièce ébauchée, ou même finie, cette opération sera faite mécaniquement quand on travaillera un gros bloc métallique. Mais à défaut du marteau-pilon qu'on y emploie, il faut bien se contenter d'agir avec des marteaux à devant.

Or, trop souvent, les ouvriers n'apportent ni toute l'attention, ni les précautions nécessaires pour mener ce travail à bien, sans perte de temps. Ils éviteront cet inconvénient et viseront à l'économie du métal mis en œuvre, en ne laissant pas trop engager l'outil tranchant dans le métal chauffé, sans le refroidir opportunément, dans une grande masse d'eau, sinon le tranchant de cet outil se refoule ou se replie promptement; d'où il résulte que le métal est divisé inégalement, et qu'il devient nécessaire d'obvier à l'imperfection de ses sections par un travail et une perte de temps qu'on aurait pu éviter.

Il ne suffit pas toujours au surplus de mouiller souvent la tranche pour éviter les conséquences que nous venons de signaler. On préviendra mieux sa mutilation en agissant comme nous allons le dire : Lorsque la tranche aura pénétré dans le métal à diviser, à une profondeur de 3 à 4 centimètres environ, on jettera dans l'incision successivement, jusqu'à la fin de l'opération et jusqu'à complète combustion, de petites poignées de charbon de houille menu. Ce charbon a pour but d'empêcher le contact des surfaces de la tranche avec le métal chaud, et de soustraire ainsi en partie l'outil à l'action de la chaleur, ce qui facilite son dégagement de la section et accélère son refroidissement dans l'eau froide.

Nous recommandons ce procédé comme étant le meilleur à employer pour ce genre de travail, comme aussi quand il s'agira de faire des œillards à chaud, à l'aide d'un poinçon.

Nous terminerons ce chapitre en exposant le plus rapidement qu'il nous sera possible la manière d'opérer pour forger une pièce ayant la forme d'une équerre, *fig.* 38, *pl.* 5.

Disons d'abord qu'avant de commencer une pièce de forge, quelles que soient les formes qu'elle doit avoir, le forgeron doit prévoir toutes les circonstances qui peuvent se produire pendant le forgeage ; aussi doit-il arrêter d'avance les mesures qu'il doit prendre, ainsi que les différentes formes par lesquelles la pièce doit successivement passer avant d'arriver à sa forme définitive ; il doit surtout faire attention qu'en forgeant le métal, il diminuera son épaisseur, tandis qu'il augmentera sa longueur et même sa largeur ; mais, s'il est nécessaire, il peut à la fois diminuer l'épaisseur et la largeur de sa pièce par le travail que l'on appelle contre-forgeage ; alors seule, la longueur augmentera. D'un autre côté, il doit toujours chercher à donner à sa pièce en peu de chaudes les formes et les dimensions les plus rapprochées de celles qu'elle doit avoir une fois terminée ; elle sera alors plus tenace en ce sens que les surfaces d'une pièce de forge sont toujours plus denses que les parties centrales.

Disons aussi qu'il ne doit pas oublier que le fer se dilate à chaud, c'est-à-dire augmente de volume, tandis qu'en refroidissant il se contracte et revient à son état normal. Voilà des détails qu'il est absolument indispensable à un bon forgeron de connaître.

Cela dit, proposons-nous de forger une pièce ployée à angle droit indiquée par la *fig.* 38, *pl.* 5, et ayant 20 millimètres d'épaisseur sur 100 millimètres de largeur ; quant aux longueurs peu nous importe. (Supposons ces dimensions finies de lime.)

D'après les moyens que nous allons mettre en pratique pour forger cette pièce, il est absolument indispensable que nous employions du fer de dimensions plus grandes que celles que doit avoir la pièce finie de forge. (Suivant que la pièce doit être limée ou rabotée, on laisse un peu plus d'épaisseur pour mieux la finir ; ces surépaisseurs varient de 1 à 4 millimètres.)

En effet, nous voyons que la pièce que nous avons sous les yeux est à angle droit extérieurement, tandis qu'elle présente un rayon intérieurement qui égale d'ordinaire l'épaisseur de la pièce ; ce qu'on appelle en terme de métier un congé. Il est donc aisé de concevoir que pour arriver à donner facilement ces formes à la pièce, on devra employer du fer plat de 34 millimètres d'épaisseur au moins et 40 au plus.

Quant à la largeur, elle peut être la même que celle que doit avoir la pièce finie de forge. En effet, la surépaisseur que présente notre fer sera facilement distribuée dans le sens de la largeur par le travail préliminaire auquel doit être d'abord soumis le fer pour l'ébauchage de la pièce.

Disons enfin que la partie de la barre qui doit être travaillée est parfaitement suée, alors qu'on enlève sur la surface, et au moyen d'un dégorgeoir, une espèce d'appendice *fig.* 39, *pl.* 5, destiné à former l'angle droit.

Les autres parties de la pièce seront réduites à des dimensions assez rapprochées de celles du fini de forge.

L'appendice ainsi obtenu, la pièce est chauffée de nouveau dans cette partie à la température de blanc-soudant; on la ploie sur la bigorne ronde de l'enclume; on a soin surtout de ne pas la ployer immédiatement à angle droit, on lui fait prendre d'abord la forme d'un angle obtus et on l'amène peu à peu, à coups de marteau, à angle droit et vif en déterminant le rayon intérieur.

Une pièce du même genre, mais de plus grandes dimensions, pourrait évidemment être obtenue par la méthode que nous venons d'exposer, en opérant toutefois avec le secours du marteau-pilon; mais on emploie le plus souvent un autre procédé plus expéditif.

Ce deuxième procédé consiste à souder une mise destinée à former l'angle droit.

Supposons que cette pièce doive avoir 100 millimètres d'épaisseur sur 200 millimètres de largeur. D'après la deuxième méthode que nous allons indiquer, nous n'avons évidemment pas à nous occuper d'enlever l'appendice qui doit produire l'angle droit de notre pièce ; aussi pouvons-nous opérer avec du fer ayant seulement quelques millimètres de plus en largeur et en épaisseur pour parer à la diminution du métal soumis à des chaudes répétées et à celle du fini de lime.

On pratiquera, au moyen d'une tranche, une entaille à chaud jusqu'à moitié fer, dans le sens diamétral de la barre, où doit avoir lieu le coude de la pièce. *fig.* 40, *pl.* 5.

On chauffera à blanc cette partie pour la ployer à coups de marteau jusqu'à ce qu'elle soit d'équerre ; la pièce présentera alors deux surfaces de jonction, *fig.* 41, *pl.* 5, qu'on refoulera un peu pour prévenir, autant que possible, la diminution de cette partie qui est chauffée au blanc-soudant.

Un barreau de fer, *fig.* 42, *pl.* 5, approprié à l'entaille précitée devant former l'angle vif de l'équerre sera chauffé au blanc éblouissant dans une autre forge séparément. Un aide l'apportera et le placera dans ladite entaille, alors que les surfaces parallèles dans le sens diamétral et longitudinal de l'équerre s'y souderont facilement sous les chocs du marteau.

III

Soudure par amorces et à chaude portée.

La soudure des métaux est une opération d'importance journalière, méritant de fixer l'attention de tous les forgerons.

Il nous paraît donc utile de poser des principes à cet égard. A cet effet, prenons pour exemple de soudure par amorces et à chaude portée deux barreaux de fer ronds de 5 centimètres de diamètre, *fig.* 43, *pl.* 6 : on chauffe chaque bout, où la soudure doit avoir lieu, d'environ 10 à 12 centimètres de longueur, et au blanc-suant ; on refoule jusqu'à ce qu'il soit grossi d'un tiers en plus de sa dimension primitive, *fig.* 44, *pl.* 6. Il se refoule ordinairement toujours trop du bout, il faut avoir soin de rabattre cette tête qui s'y forme afin de refouler le plus possible sur le derrière de la partie chaude.

S'il s'agissait d'obtenir un renflement plus éloigné du bout du fer, on pourrait certainement refroidir le bout en le trempant dans l'eau, mais pour la soudure dont il s'agit ici, cela n'est point nécessaire.

Enfin, le bout ayant été suffisamment refoulé, est

remis au feu pour y être amorcé en bec de flûte pouvant s'appliquer l'un sur l'autre et en sens contraire; les amorces doivent toujours être relatives aux dimensions du fer. Or celles dont il est question ici doivent avoir de 8 à 10 centimètres au plus de longueur que l'épaisseur primitive du fer. On commence à amorcer au marteau; à cet effet, les frappeurs doivent baisser la main de derrière, soit en frappant habituellement à devant, soit en frappant à main renversée comme s'il s'agissait de refouler par bout; le maître forgeron fait ensuite usage d'un dégorgeoir qu'il place sur le milieu de la partie déclive formée au marteau, *fig.* 45, *pl.* 6; il a soin de pencher la tête de l'outil (dégorgeoir) du côté des frappeurs pour former un congé toujours en refoulant; il le porte graduellemement sur le bout afin que l'amorce devienne à rien sans cependant être trop mince de derrière; l'amorce est ensuite resserrée sur son champ. A cet effet, les frappeurs doivent dans ce dispositif, baisser un peu la main de derrière, seulement à moitié de la longueur de l'amorce, tandis qu'au contraire le maître forgeron lève la sienne de telle sorte qu'il n'y ait que le bout de l'amorce qui porte sur l'enclume; on termine ce travail en retournant le fer, l'amorce en dessous, on fait frapper sur le bout en baissant la main afin que la partie amincie du bout se trouve plus réunie dans le centre de la partie déclive.

Ces amorces sont mises au feu, leur partie déclive en dessous, et chauffées au blanc-soudant; quand elles ont acquis cette température, le maître forgeron donne le signal à son compagnon, qui retire aussitôt un des morceaux en ayant soin de ne pas traîner le bout qui soude dans le fraisil; il frappe légèrement la partie froide contre l'une des bi-

gornes de l'enclume, l'amorce en dessous; en même temps
on le frotte avec un petit balai de bruyère assez rude, afin
de faire tomber les crasses, pailles, ou battitures dont il
peut être recouvert, et qui rendraient certainement l'opération défectueuse; la partie soudante est placée aussitôt
sur la table de l'enclume, la partie déclive en dessus.

Le maître forgeron retire en même temps l'autre morceau, en fait tomber les crasses, et le juxtapose sur celui
du compagnon. Cette opération doit être menée le plus
rapidement possible, et de telle façon que les deux morceaux de fer chaud arrivent ensemble sur l'enclume.

Toutefois, il est bon d'observer, que les amorces ne
doivent être croisées qu'à partir du talon de l'une à
l'autre, c'est-à-dire légèrement descendues dans le vide,
et il ne faut mettre en contact que les parties du fer qui
par leur chaleur sont susceptibles d'être bien soudées,
fig. 46, *pl.* 6; dans le cas où l'un des deux morceaux ne
serait pas suffisamment chaud, mieux vaudrait remettre
au feu, plutôt que de donner la chaude, car l'on n'obtiendrait qu'une soudure défectueuse.

Le maître forgeron, ainsi qu'un ou deux frappeurs, s'il
y a lieu, frappent sur la jonction, d'abord à petits coups;
les frappeurs ont soin de bien serrer le manche de leurs
marteaux avec l'intention d'un coup mourant en arrivant
sur le fer, pour ne pas écarter ou diviser les molécules
du métal, en ayant soin aussi en frappant, de pousser le
métal l'un sur l'autre afin de mieux assurer la réunion
des deux fers.

Dès que la soudure a pris assez de consistance, on
frappe plus fort, jusqu'à ce qu'on ait obtenu un corps
métallique où toute solution de continuité aura complètement disparu.

Une deuxième chaude suante est le plus souvent nécessaire, si la première paraissait douteuse ; elle peut même être redonnée sans inconvénient aucun, puisqu'il y a une surépaisseur de métal dans les amorces dont on doit faire l'étirage après la soudure, afin de la réduire aux dimensions des autres parties de la barre. Toutefois, lorsque les deux métaux à souder n'ont pas été portés à une égale et suffisante température, il en résulte ce que, en termes du métier, on appelle une *doublure*, c'est-à-dire une soudure manquée où la différence des températures a nui à la cohésion des molécules métalliques chauffées inégalement. Elles adhèrent ensemble, mais ne forment pas un corps homogène aussi résistant qu'il doit l'être pour son usage.

Bien que les deux métaux à souder aient été portés à la température voulue, il y aurait encore doublure, s'il existait quelque corps étranger entre les morceaux à souder, ou si l'on n'avait pas profité de la chaude au temps voulu et avec toute l'activité possible pour battre le fer avant qu'il ait subi du refroidissement.

Contre-forgeage.

On entend par contre-forger donner alternativement des coups de marteau sur le plat et sur le champ du métal battu.

Il faut, en soudant deux morceaux de fer, à chaude portée, ne jamais oublier qu'en contre-forgeant trop tôt, chaque coup de marteau donné sur le champ désunit la soudure et la rend défectueuse.

Un bon ouvrier ne contre-forge que quand les deux morceaux sont bien réunis. Au surplus, lorsqu'on contre-forge pour d'autres travaux que des soudures, il convient d'être très attentif à ne le faire qu'opportunément, surtout si l'on contre-forge une pièce plate, car alors le martelage sur le champ plisse le métal sur le plat et occasionne des défectuosités dans le travail. Ce même inconvénient se produirait également si la pièce presque terminée, et forgée trop mince, on voulait lui donner plus d'épaisseur en la contre-forgeant.

Les plis produits par le contre-forgeage n'en existent pas moins du reste à l'intérieur, et chose à noter, si la pièce est en acier et doit subir l'opération de la trempe, elle se casse ou s'ouvre à l'endroit même où les plis se sont formés.

Soudure en gueule de loup ou par coin.

Les soudures en gueule de loup ou autrement dit par coin, *fig.* 47, *pl.* 7, ne peuvent être mises à exécution avantageusement, qu'autant qu'il ne s'agit que de pièces qu'il ne faut qu'allonger assez peu.

La partie où doit s'opérer la soudure est ordinairement refoulée de façon à présenter une surépaisseur de métal au sommet de l'angle rentrant (*a*). On pratique ensuite l'entaille ou gueule de loup au moyen d'une tranche emmanchée, ou d'un ciseau à chaud ; les deux lèvres (*bb*) représentées dans cette partie sont amorcées en bec de flûte.

Le coin destiné à être soudé dans l'entaille dont il vient d'être question, présente un angle saillant (*c*). Les deux côtés ou surfaces déclives de ce coin sont armés d'une forte griffe qu'on obtient à chaud au moyen d'une tranche ; ces deux griffes tiennent lieu d'amorce en s'enfonçant dans les surfaces intérieures de la gueule de loup. Pour effectuer cette opération, on fait chauffer au blanc la gueule de loup, on chasse les crasses ou pailles de fer, en contre-forgeant le métal et, si besoin est, en se servant de la pointe d'une lime; la parfaite évacuation ayant eu lieu, on y introduira le coin qui a été refroidi pour la circonstance afin de permettre aux griffes précitées de pénétrer dans les parties intérieures de la gueule de loup.

Le coin, disons-nous, est engagé dans la gueule de loup, soit à coups de marteau, soit en refoulant le fer, ce qui est préférable. Cette opération consiste à élever à bras ou au moyen d'une poulie, la pièce perpendiculairement au-dessus de la table de l'enclume ou à l'aire d'un *tas* placé sur le sol, pour faire choquer fortement la base du coin sur le tas précité, alors que la saillie du coin pénètre dans le fond de l'entaille.

Les lèvres de la gueule de loup sont ensuite rabattues par les chocs du marteau sur les deux parties déclives du coin, comme si l'on voulait que l'air ne puisse s'y introduire, alors que les deux griffes dont il a déjà été parlé, pénètrent fortement dans les lèvres qui ont la température de blanc. Le coin se trouve ainsi solidement emprisonné.

Afin de conserver la partie extérieure du fer, on pulvérise de la terre d'argile sèche pour l'en saupoudrer, à partir du moment où on le voit étinceler de chaleur suante; on le protége ainsi contre l'intensité du feu; on en concentre la chaleur pour le chauffer parfaitement jusqu'au centre. Il se soude mieux de la sorte; car on l'a, pour ainsi dire, enveloppé par ce procédé dans un creuset que l'argile aura formé autour de lui en se fondant; à défaut d'argile on peut employer du sable ou du grès pilé.

Il faut avoir soin de chauffer un peu en arrière de l'angle rentrant dans la gueule de loup. Dès que la pièce est arrivée à la température voulue, c'est-à-dire blanc-soudant gras, elle est retirée du feu; au lieu de la soumettre tout d'abord au martelage, elle est vivement refoulée deux ou trois fois pour forcer ainsi le coin à rentrer dans le fond de l'entaille, ce qui contribue à accélérer le soudage des surfaces intérieures. La pièce est ensuite soumise aux chocs des marteaux qui expurgent les crasses et aident les deux jonctions à s'opérer complétement; enfin une deuxième chaude devient toujours indispensable pour souder les bouts des amorces ou lèvres en contact avec les surfaces du coin.

Cette méthode de souder par coin peut avoir quelque avantage sur la soudure précédente, mais il faut pour cela que la disposition des pièces permette de l'effectuer facilement.

Soudure par bout.

Les soudures par bout sont quelquefois indispensables pour certaines pièces de forge. En effet : supposons avoir à forger une pièce ayant la forme d'un T, *fig.* 48, *pl.* 7. Il est facile de voir que cette pièce sera l'objet d'une soudure, que l'on appelle soudure par *bout*.

Les pièces qui doivent être soudées d'après cette méthode recevront nécessairement des formes appropriées à ce genre de soudure; c'est ce que nous allons examiner le plus succinctement possible. Toutefois, disons de suite qu'on peut préparer indifféremment l'un ou l'autre des deux morceaux à souder; cependant nous croyons plus pratique de disposer d'abord la pièce qui doit être encolée perpendiculairement sur la pièce que nous appellerons *semelle*.

Cette disposition consiste à refouler le bout qui doit être soudé, de façon que ce bout épouse assez exactement la partie concave ou espèce de canal que l'on pratique ordinairement sur la semelle, où doit s'effectuer la soudure. De plus, ce bout doit être armé d'ailerons ou gouttières, ce qui constitue les amorces de cette pièce. En un mot, pour donner une idée plus claire de cette disposition, que l'on se figure une tête de champignon.

On dispose ensuite la semelle (R) sur laquelle la soudure doit s'effectuer.

A cet effet, comme la partie de cette pièce où doit avoir lieu la soudure exige une surépaisseur de métal pour obvier à la diminution devant résulter tant du chauffage que du martelage, il est important d'employer du fer de dimension au moins 1/3 plus forte que les dimensions que doit avoir la pièce finie de forge.

Néanmoins, comme cette surépaisseur de métal ne devient nésessaire qu'à la soudure, il résulte, que les autres parties non susceptibles d'être soumises à la température de blanc-soudant seront d'abord amenées à des dimensions se rapprochant de celles que doit avoir la pièce finie de forge. A cet effet, on enlève une espèce de masselotte où doit se pratiquer la soudure, sur le milieu de laquelle on pratique, au moyen d'un dégorgeoir, un canal rehaussé sur ses bords d'un appendice destiné à faciliter le soudage des ailerons (PP) de la pièce à encoller.

Pour opérer cette soudure, on chauffe chaque mor-

ceau séparément, soit dans une forge double, c'est-à-dire
à deux feux, soit dans deux forges simples, voisines
l'une de l'autre; pour mieux s'assurer du degré de température des pièces en chaufferie, on introduit dans le
feu le bout d'un tisonnier un peu crochu avec lequel on
frotte la soudure dans ses diverses parties; si en le retirant on amène un peu de métal et de crasse qui s'at-
tache à sa pointe froide, c'est une preuve convaincante
que la chaufferie marche bien. Quand ils ont atteint le
degré de chaleur du blanc-soudant, le maître forgeron
qui chauffe ordinairement la *semelle*, donne le signal à
ses aides, qui concourent à l'opération du soudage; chacun occupe le poste qui lui a été désigné par le maître
forgeron. Ce dernier retire sa pièce du feu, sans la traîner dans le fraisil, la place sur l'enclume; un de ses aides
armé d'un petit balai de bruyère, frotte la soudure afin
de faire tomber les crasses ou pailles de fer brûlé, qui
pourraient s'y trouver, tandis qu'un second forgeron,
ou un frappeur apporte l'autre pièce chauffée dans une
autre forge à la même température que la *semelle* et
place avec précaution la partie chaude dans le canal pratiqué sur ladite *semelle;* aussitôt deux ou trois aides
frappent rapidement sur le bout, puis sur les côtés de
la pièce que l'on soude perpendiculairement à la *semelle.*

On soude aussi quelquefois, par bout, des barres de
fer à section circulaire, *fig.* 49, *pl.* 7. Toutefois, nous ne
croyons pas devoir donner de grands détails sur cette
deuxième soudure par bout, car elle est d'autant plus
défectueuse que son travail exige un contre-forgeage
continuel, qui tend toujours à désunir les parties centrales déjà fondues ensemble, et entraîne la formation

de solution de continuité, ce qui affaiblit considérablement cette soudure.

Soudure par ployon.

La soudure par *ployon* n'est guère en usage non plus,
on l'emploie néanmoins dans certains cas.

Disons toutefois, que pour obtenir une parfaite réussite dans cette soudure, il faut que la pièce sur laquelle
on doit opérer soit très-maniable, et que le ployon
n'excède pas une longueur de 10 à 12 centimètres au
plus; aussi ne l'emploie-t-on ordinairement que pour allonger des boulons, ou des pièces à peu près du même
genre.

A cet effet, s'il s'agit d'allonger un boulon d'après la
méthode précitée, on devra d'abord disposer le bout de
celui-ci où doit s'effectuer la soudure du ployon en
forme de coin, c'est-à-dire à angle saillant dans le bout,
fig. 50, *pl.* 7, tandis que le ployon (espèce de crampon)
doit présenter un angle rentrant (D); une des branches
dudit ployon sera un peu plus longue que l'autre; cette
disposition a évidemment sa raison d'être. En effet, si
les deux branches étaient de même longueur, il arriverait que la soudure du bout des amorces ou autrement
dit des branches, aurait lieu vis-à-vis l'une de l'autre,
alors que la section sur laquelle l'opération aurait lieu
se trouverait comme étranglée par l'effet du martelage
indispensable à la réunion des deux jonctions.

Si, au contraire, on dispose le ployon comme il a déjà
été dit, c'est-à-dire ayant une branche plus longue que
l'autre. l'inconvénient que nous venons de signaler disparaîtra, en ce sens que le soudage des amorces se trou-

vera croisé comme s'il s'agissait d'une soudure par amorce ordinaire.

Disons en terminant, qu'avant d'introduire le ployon dans le bout saillant où il doit être soudé, il faut avoir soin de le contre-forger, afin de le débarrasser de l'oxyde qui s'est formé entre les deux fers, car il s'opposerait à la soudure, si bien chauffé qu'il soit. Quant à l'opération de la soudure, elle s'effectue à peu près comme la soudure en gueule de loup, c'est-à-dire que quand la partie à souder aura atteint le degré de température de blanc-soudant, on refoulera d'abord, comme pour faire rentrer le *ployon* dans l'angle saillant du boulon, pour la soumettre ensuite à la percussion du marteau; on donnera une deuxième chaude et même une troisième, s'il est nécessaire, pour faire disparaître toute solution de continuité que l'on appelle aussi doublure.

On saupoudrera la soudure à chaque chaude, soit de terre d'argile, soit de sable ou de grès pilé, afin d'en permettre plus facilement le chauffage des parties centrales et moléculaires et faciliter ainsi le soudage; en un mot, l'opération de cette soudure s'exécutera à peu près de la même façon que pour la soudure en gueule de loup.

IV

BRASER.

Toutes les fois qu'une pièce quelconque ne doit pas changer de forme, ou ne peut supporter le martelage, on réunit les deux morceaux au moyen d'un métal intermédiaire plus fusible que le plus fusible des objets à braser. De là le nom de *brasure* donné à cette opération.

La brasure prend le nom du métal intermédiaire employé; on fait des brasures à l'argent, à l'étain, ainsi que des brasures au cuivre.

Dans l'opération de la brasure, on rapproche les deux parties à braser de manière à ce qu'elles se touchent ; on les avive au moyen d'une lime, le tout étant fixé avec un fil à lier, *fig.* 51.

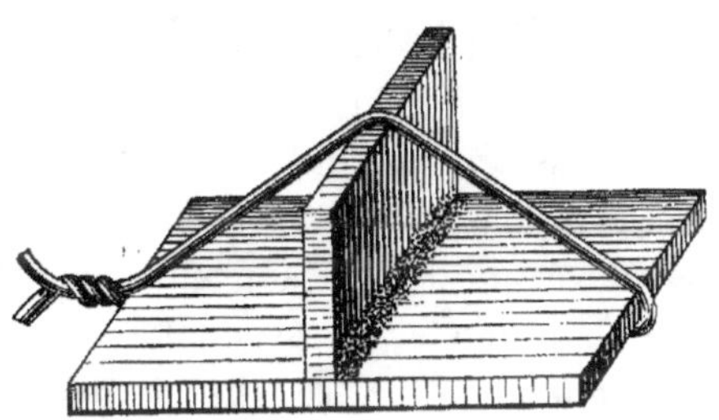

5

On a soin de n'y pas toucher ensuite avec les doigts pour les garantir de tout corps gras, dont le contact nuirait à la parfaite réussite de l'opération.

Le métal intermédiaire, qu'il soit en fil ou en poudre, est disposé au-dessus de l'interstice dans lequel doit couler la brasure.

Si l'on emploie du fil de cuivre, on humecte la partie où doit avoir lieu la brasure, et on recouvre le fil de cuivre d'une pâte de borax qui, en fondant, forme autour de l'interstice un vernis destiné à préserver de toute oxydation les surfaces à braser. Le borax a de plus la propriété de se combiner avec les oxydes existant sur ces surfaces lesquelles se trouvent ainsi décapées.

Enfin, si au lieu d'employer du fil de cuivre pour braser, on employait de la brasure en poudre, elle devrait être préalablement lavée à l'eau propre, afin d'expurger les corps étrangers auxquels elle pourrait être mélangée, on y ajoutera du borax (soit à l'état de cristallisation réduite en poudre très-fine, soit à l'état de calcination) jusqu'à ce qu'il forme avec la brasure une pâte compacte et propre à être employée à ce travail ; on applique le mélange dans cet état : on fait sécher, et on chauffe ensuite le tout à la chaleur voulue pour faire fondre l'alliage et opérer la réunion des parties. Dès que l'on voit que la soudure coule dans l'interstice, on retire la pièce du feu, pour la laisser refroidir d'elle-même. L'opération est alors terminée.

La brasure s'exécute le plus souvent dans une forge à main ; et, suivant que les pièces qu'il s'agit de braser offrent plus ou moins de surface, on doit disposer le feu de façon à le concentrer de telle sorte qu'il n'y ait que la partie à braser qui soit soumise au contact de la flamme.

Cette précaution est d'autant plus nécessaire que les pièces sont plus délicates.

Dans les fabriques de bijouterie en faux où la brasure est un travail journalier pour certains ouvriers, cette opération ne se fait point dans les forges à main, mais dans des fourneaux spéciaux affectés à cet usage. Les soudures pour la bijouterie en fin, se font au moyen d'un chalumeau dont le dard est dirigé sur la partie à souder.

Le coke étant le combustible qui donne le plus de chaleur, est celui par conséquent qui convient le mieux pour le travail de la brasure en fil ou en poudre de cuivre. Toutefois, les pièces à braser ne devront être exposées à la flamme du coke que quand celui-ci aura atteint son plein état d'ignition.

V

TRAVAIL A LA FORGE DES BOULONS ET DES ECROUS
A SIX PANS.

Le forgeage des boulons et des écrous à six pans est
un travail spécial de la forge. Aussi croyons-nous devoir
nous y arrêter et donner quelques détails succincts relatifs
à cette spécialité.

Remarquons d'abord que les boulons, quelles que
soient leurs formes, doivent être forgés avec du fer de
bonne qualité.

La tête sera refoulée sur la tige plutôt que soudée ; elle
sera hexagonale, carrée, ou hémisphérique, selon le
point d'appui qu'elle aura pour le serrage.

Leur tête est aussi parfois terminée par un supplément
de carré pour pouvoir serrer à distance ceux dont on ne
peut atteindre commodément ni la tête, ni l'écrou.

La tige est le plus ordinairement cylindrique, en rapport avec les trous du perforage ; si les boulons sont destinés au bois, la tige en est carrée, ou méplate, afin
d'obtenir un point d'appui dans le trou au moment du
serrage ; mais le carré de ces boulons n'existe que sur
une petite longueur en dessous de la tête, le reste de la
tige est arrondi ; les arêtes de la petite partie carrée
s'impriment suffisamment dans le bois pour le mainte-
nir fixe.

Les boulons à tête ronde ou hémisphérique destinés aux pièces de fer, ou à tout autre métal, doivent avoir en dessous de la tête un ergot saillant sous un angle de 90°, *fig.* 52, *pl.* 8.

Pour éviter toute saillie sur les surfaces, on loge quelquefois l'écrou dans un vide cylindrique, ou tronconique, dont il épouse la forme; on serre alors l'écrou avec une clef à deux branches ou à tenons, *fig.* 53, *pl.* 8, qu'on fait longue suivant les besoins; ces tenons seront ajustés dans deux encoches rectangulaires faites avec le burin ou la lime à refendre sur le champ de l'écrou, *fig.* 54, *pl.* 8.

Afin d'empêcher l'écrou de se desserrer. on en pose souvent un second, ou contre-écrou, qui s'oppose au mouvement de desserrage du premier.

On donne aux boulons les formes les plus variées suivant la nature des travaux auxquels on les emploie, et nous allons examiner succinctement quels sont ceux le plus en usage dans les constructions.

On distingue les boulons d'assemblage qui peuvent avoir des formes très-variées; ils sont nommés ainsi parce qu'ils relient plusieurs pièces de métal ou de bois, *fig.* 54 et 55, *pl.* 8. Il y a aussi des boulons spéciaux à tête carrée, noyée dans le bois ou dans le fer. quand la saillie devient défectueuse sur les surfaces.

On distingue également des boulons à T, *fig.* 56, *pl.* 8, ou à crochet, servant à fixer des pièces qui doivent être souvent changées de place, et trouvant leur point d'appui dans des coulisses ou rainures en T ou encore sur des pièces en fer méplat.

Il y a enfin des boulons à œil ou à piton, *fig.* 57, *pl.* 9, disposition applicable le plus souvent aux assemblages de fonte pour faire venir une bride ou une oreille sur l'une des pièces à réunir.

Les écrous sont ordinairement à six ou quatre pans; on fait aussi des écrous à tête de violon à œil, à anse de panier et à oreilles, *fig.* 58, 59 et 60, *pl.* 9.

Nous allons exposer brièvement la théorie du forgeage des écrous à six pans, car ce sont ceux qui sont le plus généralement employés dans les constructions.

Travail pratique des écrous.

Les écrous à six pans se font le plus souvent en enroulant une bande de fer, en forme de virole que l'on soude ensuite; dans certains établissements on les fabrique mécaniquement; on les fait aussi en perçant le trou à chaud dans une barre de fer méplate, et, le trou étant percé, on sépare de la barre le tronçon qui doit produire l'écrou à six pans, qui est terminé par les moyens ordinaires de l'étampe; mais il va nous être facile de démontrer que ces deux derniers procédés ne procurent pas aussi sûrement la même solidité que le travail du soudage précité. En effet, il est assez facile de concevoir d'après les lois qui régissent la structure du fer sur la continuité des fibres qui se trouvent toujours dans le sens de la longueur de la barre, que les deux dernières opérations deviennent par ce fait défectueuses au point de vue de la solidité; en effet, un écrou obtenu par le perçage du fer à chaud, aura conservé ses fibres qui formeront autant de parallèles dans un des sens prismatiques de l'écrou, ce qui en diminuera inévitablement la solidité.

Nous avons dit précédemment que les écrous obtenus par le soudage se faisaient en enroulant une bande de fer plat en forme de virole. Nous allons examiner les moyens pratiques de ce genre de travail.

L'extrémité de la barre est chauffée à la température de blanc, sur une longueur correspondant au développement de l'écrou pour être coupée à cette longueur, sans que cette partie soit pour cela détachée entièrement de la barre ; cette opération a lieu en plaçant la partie chauffée sur un tranchet d'enclume dans lequel se trouve une jauge qui le traverse horizontalement dans la ligne en travers du tranchant en repos sur l'enclume ; cette jauge est réglée de façon à couper juste la longueur nécessaire pour forger l'écrou, *fig.* 61, *pl.* 10.

Cette partie ainsi coupée est ensuite enroulée en forme de virole afin que l'une des extrémités vienne s'appuyer sur la face intérieure de l'autre extrémité ; la *fig.* 62, *pl.* 10, représente ce premier travail.

La virole est alors détachée de la barre ; à cet effet, on place le fer de manière que la partie qui doit former l'écrou, se trouve en dehors de l'enclume ; on frappe sur cette partie, et à chaque coup de marteau, on tourne la barre sens dessus dessous, afin d'en activer la séparation en fatiguant par le choc du marteau, l'union des molécules dans la partie où le tranchet d'enclume a produit l'incision.

Un mandrin en acier d'une longueur de 40 à 45 centimètres environ, dont l'une des extrémités a été mise au diamètre que doit avoir le trou de l'écrou, est aussitôt introduit dans ce trou, puis passé dans une étampe à écrous, afin d'ajuster la jonction de la soudure aussi exactement que le permet un travail aussi grossier, ainsi que pour lui donner la forme d'un hexagone (six pans).

L'écrou est ensuite chauffé dans toutes ses parties, à la température de blanc-soudant ; la chaufferie a lieu dans un feu de forge préparé à cet effet.

On chauffe ordinairement avec du coke concassé, employé seulement comme combustible intermédiaire avec la houille ; quand il a atteint la température précitée (blanc-soudant), l'ouvrier introduit le bout d'un tisonnier dans le trou pour le retirer du feu ; il le pose vivement sur l'enclume, jette le tisonnier à terre, ou mieux, suivant que la disposition de la forge le permet, le replace sur celle-ci, si toutefois, cela n'entraîne point de perte de temps, puis saisit aussitôt le mandrin qu'il introduit promptement dans le trou de l'écrou qu'il vient de poser sur l'enclume, de manière que l'une de ses faces, perpendiculaire au trou, soit à plat sur l'enclume ; il place alors l'écrou dans l'étampe dont il a déjà été parlé plus haut ; (la figure 63, *pl.* 11, représente cette opération), il frappe vivement sur la jonction de la soudure, et tourne l'écrou dans l'étampe à chaque coup de marteau, afin de rendre plus parfaite cette jonction de la soudure, et de donner en même temps plus d'uniformité aux pans de l'écrou.

On prend alors une broche en acier fondu, de forme conique des deux bouts et exactement de la dimension que doit avoir le trou de l'écrou, que l'on chasse dans le trou à coups de marteau, jusqu'à la faire traverser de part en part, afin d'obtenir par ce moyen une parfaite régularité du trou ; on lui donne son fini en le bouterollant sur chacune des deux faces parallèles, ayant pour écartement l'épaisseur de l'écrou ; ce dernier travail a pour but d'engendrer une circonférence sur le pourtour des faces précitées, tout en le rendant d'une exactitude plus parfaite pour son emploi.

Cette manière d'opérer pour le forgeage des écrous à six pans est la meilleure, parce que les fibres du métal forment d'autant plus de cercles que la section de l'écrou a plus de surface.

Les écrous à six ou à quatre pans sont serrés ou desserrés avec une clé à fourche, *fig.* 65, *pl.* 9, selon la forme que l'on donne aux ouvertures *P, P*.

Proportions pratiques des écrous à six pans, *fig.* 66, *pl.* 11.

VI

RECUIT DES PIÈCES EN FER APRÈS LEUR FINI DE FORGE.

Le fer, après avoir été travaillé à la forge, devient aigre et cassant.

Il est donc absolument nécessaire de lui rendre, au moins en partie, ses qualités premières; c'est ce que semblent ignorer beaucoup d'ouvriers.

Comme l'aigreur diminue avec la dureté, on trouve dans le recuit un moyen d'ôter au fer cette mauvaise qualité lorsqu'elle est la conséquence du martelage à froid. Le fer aigre de sa nature ne peut par le recuit perdre ce défaut, qui, dans ce cas, ne résulte pas exclusivement de sa dureté.

Il est évident qu'il y a entre l'aigreur et la dureté une relation telle que la première ne peut exister sans la seconde, bien que cependant celle-ci puisse avoir lieu sans l'autre; il s'ensuit qu'on ne doit pas confondre les fers aigres avec les fers tendres, quoique les uns et les autres soient durs et cassants par le choc. Les effets de l'aigreur, disons-nous, peuvent être corrigés, adoucis par des chaudes rouges; tandis que la fragilité du fer tendre ne comporte aucun remède, lors même qu'il serait débarrassé d'une partie de son aigreur.

Pour en diminuer la dureté et l'aigreur, voici comment on procède : quand la pièce de forge a reçu son fini, elle est soumise à l'action d'un feu de charbon de bois, ou le plus souvent chauffée au feu de la forge à la houille, et portée à une température de rouge-clair, et mise ensuite dans le fraisil (si toutefois ses formes le permettent) pour la préserver de l'oxydation; on ne l'en retire qu'après refroidissement complet.

Cette opération contribue incontestablement à rendre au fer ses qualités primitives, en dilatant ses molécules resserrées par un martelage à froid.

C'est une erreur accréditée parmi certains ouvriers de penser qu'il est nécessaire pour bien recuire une pièce de la chauffer presque au rouge-blanc.

Disons toutefois que si le fer est chauffé rapidement à une chaleur blanche modérée, il se recouvre aussitôt d'une enveloppe que l'on appelle ordinairement *écailles*, *battitures* ou *paillettes* de fer, qui lui conserve toute sa qualité; il n'en est pas de même si la chaleur est variable et prolongée; le métal languissant dans le feu perd alors une grande partie de sa tenacité, et se rapproche des fers cassants et mous, après son refroidissement.

On sait déjà que pour débarrasser le fer de ses parties terreuses, arsénicales et sulfureuses, il est indispensable de l'amener d'abord à la température de blanc-soudant et de le soumettre ensuite à un martelage puissant.

Si, après avoir obtenu par ce travail un fer épuré, on veut le recuire, c'est évidemment pour en diminuer l'aigreur; or, il convient alors de ne le chauffer qu'à une température qui n'en dénature point la qualité; cette température, nous l'avons déjà dit plus haut. c'est le rouge-clair.

Nous avons dit aussi que le fer chauffé pouvait convenir au recuit ; toutefois, si nous considérons, qu'il s'en détachera des écailles de fer oxydé d'un millimètre à un millimètre et demi, qui laisseront le plus souvent à la surface du métal, même après le travail de la lime, du tour, ou de la machine à raboter, des traces appelées en terme technique coups de feu, il nous sera facile d'en conclure que cette température loin de convenir au recuit est plutôt défectueuse.

Il est aisé de voir par ce qui précède que les écailles produites à la surface du fer ne sont autre chose qu'un oxyde de fer (elles se forment d'autant plus vite que la chaleur est plus forte) ; et ce qui prouve qu'elles sont une matière métallique, c'est que l'aimant les attire.

Enfin certaines pièces dont les formes sont susceptibles d'être déformées ou voilées par l'opération du recuit, peuvent être redressées plus facilement et sans danger avant leur complet refroidissement.

L'opération du recuit qui vient d'être décrite peut certainement se faire même avec facilité sur des pièces de forge de grosseur moyenne, mais elle présente des difficultés quand il s'agit de grosses pièces (des bielles de machine par exemple), qu'il convient cependant de recuire. Le procédé employé dans ce cas est le suivant : On met sur le feu de la forge une ou deux pelletées de houille un peu mouillée qui dégage aussitôt une fumée grasse et très-épaisse : on y appuie la pièce à recuire, en ayant soin d'entretenir le feu dans cet état pendant la durée de l'opération, soit en y ajoutant de nouveau du charbon frais, soit en mouillant de temps en temps quand la flamme paraît vouloir prendre trop d'intensité.

On promène alors la pièce à recuire dans cette fumée jusqu'à ce qu'elle ait atteint une température variant entre 500 et 600° ; cette température, tout en étant suffisante au recuit du fer, a pour objet de faire adhérer à sa surface les matières bitumineuses contenues dans la houille.

Après avoir ainsi recuit la pièce forgée, d'un bout à l'autre, en la promenant lentement sur le feu de la forge, lorsqu'elle est recouverte d'une espèce de vernis, on la retire ; elle est essuyée avec un vieux chiffon que l'on a soin d'enduire préalablement de cambouis, ou à l'aide d'étoupes ayant servi à l'entretien des machines.

Ce recuit s'applique certainement aux petites pièces, et nous pouvons même ajouter que certains établissements de forges n'en emploient point d'autre pour toutes sortes de pièces en fer forgé. Nous ne voulons pas dire pour cela qu'il soit meilleur que le précédent ; nous tenons seulement à constater qu'il nous a donné de bons résultats chaque fois que nous l'avons mis en pratique.

En effet, les pièces de forge soumises à ce genre de recuit reprennent toutes les propriétés d'élasticité qu'elles avaient perdues par l'effet du martelage ; elles peuvent donc, par suite, être attaquées à la lime, au tour, et se prêter ainsi à tous les genres de travaux qu'elles peuvent nécessiter, ayant perdu par l'opération du recuit leurs propriétés aigres et cassantes, et retrouvé les qualités du fer doux et malléable.

VII

VERNIS A CHAUD POUR PRÉSERVER LE FER
DE LA ROUILLE.

Après avoir achevé extérieurement les objets forgés.
limés ou tournés, on les recouvre quelquefois d'un vernis pour les préserver de la rouille. Cette mesure de
précaution peut devenir nécessaire pour ceux de ces
objets qu'on manie souvent, ou qui sont exposés à l'air
atmosphérique.

Nous savons qu'on peut obvier à cet inconvénient en
faisant adhérer à la surface du fer un métal non oxyda-
ble. au moyen de l'étamage, du plombage, du zingage
ou de la galvanoplastie. Mais, comme ces différents procédés n'ont absolument rien de commun avec le travail
de la forge, nous n'en parlerons ici que pour mémoire.

On emploie à la forge un procédé très-simple qui préserve très-longtemps le fer de la rouille, et dont on se
sert très-avantageusement pour certaines pièces limées
ou tournées.

Ce procédé consiste à placer sur un feu de forge une
plaque de tôle chauffée à la température de rouge-cerise.
Les pièces mises sur cette plaque changent de couleur
comme une pièce d'acier à laquelle on donne du recuit.

On les enduit alors d'huile au moyen d'un pinceau
fait de vieux chiffons, ou d'étoupes. et l'on répète cette

opération à de courts intervalles. On les replace ensuite sur la plaque de tôle maintenue à la même température.

On continue ainsi cette opération jusqu'à ce que les pièces soient devenues d'un noir brillant ; cela fait, on les pose avec précaution sur une plaque de tôle froide, ou plus simplement sur une planchette quelconque, en ayant soin de ne pas les mettre en contact avec le poussier qui s'attacherait à leur surface et en souillerait le brillant formé par la couche d'huile adhérente au métal.

Les pièces soumises à cette préparation pourront rester longtemps exposées à l'air sans être altérées par la rouille. Bien plus, ce procédé leur aura donné du recuit, ce qui en diminuera nécessairement la fragilité produite le plus souvent par un forgeage mal conduit. Un autre moyen de protéger le fer contre la rouille, c'est de le bleuir.

Enfin s'il s'agit de conserver les objets polis et de les préserver de la rouille, on les enduit de corps gras, tels que l'huile d'olive purifiée, et en général toutes les huiles qui ne contiennent point d'eau et qui ne s'épaississent pas à l'air.

Les grosses pièces de forge sont peintes avec du goudron chaud et soumises ensuite à un léger degré de chaleur pour l'évaporation de l'eau : le goudron de la houille mérite aussi la préférence.

TROISIÈME PARTIE.

TRAVAIL PRATIQUE SUR LE SOUDAGE PAR AMORCES
DES GROSSES PIÈCES.

CORROYAGE DU FER PAR PAQUET DANS LE FOUR A RÉCHAUFFER.

OUTILLAGE A MAIN DU MARTEAU-PILON.

CORROYAGE PAR PAQUET DANS LA FORGE A MAIN.

I

TRAVAIL PRATIQUE SUR LE SOUDAGE PAR AMORCES
DES GROSSES PIÉCES.

Nous avons parlé dans un chapitre spécial du soudage du fer par amorces, et à chaude portée ; nous n'en parlerons donc ici que pour mémoire.

Quelles que soient les dimensions et les formes des fers devant subir l'opération du soudage, les parties qui doivent être réunies l'une à l'autre reçoivent toujours, avant d'être soudées, des formes spéciales, appropriées à la soudure qu'on se propose d'effectuer.

Les soudures par amorces étant celles dont on a le plus souvent besoin, nous croyons devoir nous y arrêter de préférence à toutes les autres ; nous savons comment elles s'exécutent pour les petits objets, mais on peut également avoir à opérer une soudure sur une pièce de fortes dimensions, telle qu'un arbre de transmission par exemple, qui aurait 4 ou 5 mètres de longueur, sur 20 ou 25 centimètres de diamètre.

Dans ce cas, si cet arbre doit être allongé à la forge par le travail du soudage, il est évident que les bouts où l'opération du soudage doit avoir lieu, seront préalablement refoulés, pour être ensuite disposés en bec de flùte.

Partant de là, examinons les moyens qu'il convient d'employer pour ce genre de travail.

Une masse de fer ou de fonte du poids de 150 à 200 kilogrammes environ, nommée vulgairement *mouton*, *fig.* 67, *pl.* 12, est suspendue au moyen d'une corde engagée dans un piton fixé à une poutre, et placé de telle sorte que la partie qui choque vienne heurter d'elle-même contre le bord de l'enclume sur laquelle est placée la barre de fer à refouler.

Deux pitons sont fixés sur le corps du *mouton*, et placés à une distance qui varie entre 40 et 45 centimètres, selon que la longueur dudit mouton en permet la disposition; les deux extrémités d'une corde sont engagées chacune dans un des pitons précités, lui laissant un peu de mou de façon à ce qu'elle prenne la forme d'une anse de panier, chacun de ces bouts formant un amarrage dans son piton respectif.

Pour cela, on rapproche les bouts contre la même branche du cordage, de manière à former un anneau dans chaque piton qu'on relie avec un petit filin passé, en tours multipliés, et contournant en hélice les deux branches du cordage.

Le bout libre de la corde qui a été préalablement fixée à une poutre d'après les moyens indiqués au commencement de ce chapitre, vient à son tour s'amarrer dans le milieu de celle ayant la forme d'une anse de panier. Il demeure entendu que l'on a eu le soin de régler dans cet amarrage la hauteur du *mouton* qui devra toujours être suspendu dans une position parfaitement normale.

Une troisième corde est amarrée dans un des pitons du *mouton*, celui du côté opposé à l'aire qui choque le fer; elle sert lorsqu'elle est brusquement tirée, à mettre le mouton en mouvement, lui donnant ainsi l'impulsion, et lui faisant décrire dans ce mouvement d'oscillation, une

courbe qui l'éloigne d'autant plus que le mouvement
d'impulsion est plus brusque et qu'il s'agit de frapper
plus fort.

Lorsque le *mouton*, dans son mouvement de recul,
arrive à son point mort, c'est-à-dire au point où l'a conduit la force propulsive qui lui a été donnée, on l'aban-
donne à lui-même en donnant tout le mou nécessaire à
la corde sur laquelle on agit.

Le mouton n'étant plus retenu que par sa corde de
suspension, et occupant à ce moment un plan incliné
qui tend à le faire descendre avec une vitesse qui augmente en raison de son poids et de la distance à par-
courir, va heurter violemment le bout du fer chaud qui
lui est présenté.

Dans ce mouvement, le mouton n'étant guidé que par
la corde de suspension, il pourrait arriver qu'il allât
choquer l'enclume au lieu du fer; il est donc de toute
nécessité qu'un ouvrier se trouve placé à distance du
fer chaud, et en dirige les coups, en saisissant des deux
mains, près des pitons, la corde amarrée dans ceux-ci;
et cela au moment où le mouton se trouve à une distance
convenable qui permette de le saisir presque à la volée.

Le bout de la barre de fer qui est soumis à l'opération
du refoulage, est chauffé à blanc; cette barre est placée
dans une position horizontale, *fig.* 68, *pl.* 12 ; le bout
chaud, tout en étant appuyé sur la table de l'enclume,
dépasse néanmoins celle-ci de 20 à 25 centimètres environ; cette précaution doit être rigoureusement observée,
afin de prévenir la rencontre de l'aire du mouton contre
l'enclume pendant l'opération du refoulage. Le reste de
la barre, c'est-à-dire la partie qui se trouve en deçà de
l'enclume est soutenue au moyen d'une grue, ou à dé-

faut par un tréteau ; de plus, quatre ou cinq manœuvres en saisissent le corps, pour lui imprimer un mouvement qui l'avance brusquement au moment du choc.

Les barres de fer étant suffisamment refoulées, on pratiquera les amorces ainsi que le soudage au marteau-pilon.

L'opération du refoulage est d'autant plus nécessaire quand il s'agit de souder par amorces, que si l'on voulait s'en dispenser, il en résulterait certainement un travail défectueux ; et en effet, on comprend aisément que quand il s'agit d'effectuer la réunion de deux morceaux de fer par le soudage par amorces, l'opération du chauffage au blanc-soudant contribue nécessairement à en diminuer notablement les dimensions, et comme la réunion qui fait l'objet du soudage ne peut s'effectuer sans le secours du martelage, ce deuxième travail contribue, si l'on n'y apporte pas une attention soutenue, à en diminuer sensiblement le volume, ce qui oblige le plus souvent l'ouvrier inexpérimenté dans ce travail, à refouler la partie soudée trop amincie.

Tels sont, d'une part, les avantages que l'on peut obtenir par le travail du refoulage du fer, et de l'autre les inconvénients qui peuvent survenir dans l'exécution de ces travaux.

II

CORROYAGE DU FER PAR PAQUET DANS LE FOUR
A RÉCHAUFFER.

La plupart des grands établissements de forge possèdent des fours à réchauffer appelés aussi fours à réverbère.

Ces fours sont d'un avantage réel pour chauffer au blanc-soudant des paquets de ferraille de fortes dimensions. Nous aurons l'occasion d'examiner plus loin ce sujet intéressant.

Jetons d'abord un coup d'œil rapide sur la construction du four.

Le four à réchauffer *fig.* 69 et 70, *pl.* 13, est construit à peu près comme le four à puddler ; il se compose des parties suivantes : A grille ou foyer destiné à recevoir le combustible, c'est-à-dire la houille ; B embrasure latérale appelée *tisard ou trou de chauffe* par lequel on jette le combustible sur la grille ; cette embrasure est bouchée ordinairement par le charbon entassé sur le seuil en saillie ; C sole formant une sorte de table séparée de la grille par un mur en briques appelé *autel* ou *pont* ; D embrasure carrée de 60 à 70 centimètres environ de côté, pratiquée vers la partie la plus large du four, qui sert à introduire le fer à chauffer. Cette embrasure est fermée, pendant l'opération du chauffage, par une porte massive, appelée *porte de travail ;* E orifice ménagé dans le massif de la paroi du four, permettant à l'ouvrier de suivre la marche de la chaufferie du métal ; enfin d'une cheminée ayant de 10 à 12 mètres de hauteur, pour déterminer un tirage suffisant : elle est munie d'un registre, qui permet de régler ce tirage à volonté.

La chaleur développée par ces fours étant considérable, on a dû former leurs parois de deux parties différentes : l'intérieur est exclusivement formé de briques réfractaires, tandis que l'extérieur est composé de briques ordinaires.

La dilatation produite par la température très-élevée de ces fours pouvant produire des crevasses, et, par suite, amener promptement la destruction des parois, on les relie au moyen de barres de fer disposées horizontalement et verticalement, que l'on arrête par des clavettes ; ils sont aussi le plus souvent recouverts de plaques de fonte retenues par des montants également en fonte, fixés au moyen de barres de fer horizontales.

Combustible employé.

Le combustible employé sur la grille de ces fours, est une houille à longue flamme, dont la combustion est déterminée par l'effet du tirage de la cheminée ; mais dans le cas où les dispositions du local ne permettraient pas d'établir une cheminée suffisamment haute pour déterminer un tirage puissant donnant la latitude de chauffer à blanc-soudant, il faudrait alors avoir recours au courant d'air forcé.

Pour cela on fait déboucher un tuyau de ventilateur

dans le cendrier, que l'on tient fermé pendant l'opération du chauffage du métal. Par ce moyen énergique, la combustion est alors déterminée d'une manière complète, et la flamme du foyer, rabattue par la voûte du four surbaissée au-dessus de la sole, traversant toute son étendue, lèche le métal dans toutes ses parties. C'est alors que, sous l'influence de la chaleur intense qui règne dans cette partie du four, le fer a bientôt atteint le degré de température nécessaire pour être soudé.

Description du travail.

Une barre de fer longue de 5 à 6 mètres environ, et d'un diamètre qui varie entre 25 et 30 centimètres, selon que les paquets que l'on se propose de corroyer sont plus ou moins volumineux, est suspendue dans une position horizontale, au moyen d'une forte grue à bras, *fig.* 71, *pl.* 14. On distingue dans cette barre de fer, le bout destiné à recevoir la charge du fer à souder, du bout opposé qui sert à manœuvrer la pièce en travail. Ce dernier a reçu une forme tronconique sur une longueur de 1 mètre 50 à 2 mètres environ, selon la longueur totale de la barre. Sa section est le plus souvent de forme octogonale ; une grosse virole en fonte est engagée dans cette partie de la barre et porte sur son pourtour des œillards destinés à recevoir des leviers en bois qui servent à manœuvrer la pièce qui doit être travaillée au marteau-pilon.

Le bout opposé à celui qui vient d'être décrit, destiné à recevoir la charge à souder a dû être préalablement disposé pour cette opération, c'est-à-dire que ce bout est élargi de manière à lui faire prendre une forme méplate, et que sa surface a toujours une largeur relative au volume du paquet à corroyer. Toutefois ce travail préliminaire doit être conduit de façon à ce que cette partie B conserve assez d'épaisseur pour qu'elle ne cède pas à chaud, au moment de la retirer du feu, sous le poids considérable du paquet à souder.

Ces dispositions préliminaires terminées, la barre de fer continue à être suspendue à la grue.

Le bout qui doit être chargé est appuyé sur un tréteau en fer; on dispose sur ce bout de la barre et dans le sens longitudinal des bords, deux murailles de barres de fer plates, ou des fers de cornière de rebut coupés de la longueur du bout précité où doit avoir lieu l'opération du soudage du paquet. Le vide laissé entre les deux murailles de fer est comblé par des bouts de ferraille de quelque forme que ce soit, et au fur et à mesure qu'on augmente la hauteur desdites murailles ; on continue cette opération jusqu'à ce que l'on ait atteint des dimensions relatives aux proportions du four à réchauffer, la *fig.* 72, *pl.* 15, représente une coupe dans la partie longitudinale du paquet à corroyer.

La porte du four est soulevée; puis après y avoir introduit ledit paquet, on l'abaisse sur la pièce; le reste de l'ouverture est alors fermé au moyen de briques réfractaires jointoyées avec de la terre d'argile réfractaire.

Chauffage et martelage du paquet.

Le chauffage du paquet exige une heure et demie ou deux heures environ, suivant que le four a acquis une température plus ou moins élevée. Dès que le métal a atteint la température du blanc-soudant, on soulève la

porte du travail, et la pièce toujours suspendue à la
chaîne de la grue puissante, est retirée du four. Les ouvriers chargés de la manœuvre l'amènent sous le marteau-pilon; le marteleur est là, il commande l'équipe qui
avance ou recule la pièce, la tourne, tantôt d'un côté, tantôt de l'autre, au moyen de leviers en bois qui sont in-
troduits dans les œillards de la virole.

Le pilonnier obéit d'une manière ponctuelle à la voix
du marteleur qui fait frapper tantôt des coups forts, tantôt des coups modérés, suivant le besoin du moment.
La partie de l'arrière du paquet qui se trouve près de la
porte du four est d'abord exposée aux chocs; ici, le marteau frappe longuement et à petits coups; les scories liquides s'écoulent en se portant vers le bout et à la surface du paquet. On favorise ce travail en reculant la pièce
à chaque coup de pilon; puis on l'avance, on la tourne
et on la retourne, et, à mesure que la pièce refroidit,
on augmente à la fois la force et la vitesse du marteau.

Cette première chaude donnée au paquet, a pour effet
de réunir en une seule masse tous les morceaux de ferraille qui le composent, en lui faisant prendre la forme
d'un parallèlipipède. On coupe ensuite, au moyen d'une
tranche de pilon, au milieu et dans le sens diamétral de
sa largeur, la partie qui vient d'être soumise à ce premier
corroyage; cette partie étant détachée entièrement de la
barre est aussitôt replacée sur l'autre partie corroyée
restée à ladite barre, *fig.* 73, *pl.* 15. Le tout est remis au
four pour y être soumis à un deuxième corroyage qui
est nécessaire, d'abord pour la réunion des deux morceaux en un seul, ensuite pour continuer à l'arrangement des fibres du métal; car quelle que soit la précision

avec laquelle l'opération du premier corroyage ait eu lieu, le métal est loin d'avoir acquis dans tous ses points une compacité égale. Or, on peut donc en conclure que le deuxième corroyage devient de toute nécessité, si l'on veut obtenir un métal homogène et tenace.

Dès que le métal aura atteint le degré de température nécessaire à son soudage, on devra éviter de prolonger son séjour dans la flamme du four qui le brûlerait : alors que le volume du paquet diminuerait rapidement, le métal s'oxyderait ; ce qui nuirait évidemment à la qualité du fer.

On protége de l'oxydation la partie en contact avec la sole, en introduisant sur celle-ci des pierres quartzeuses qui, en fondant, forment un laitier qui préserve le métal de l'oxydation. De plus cette sole se conserve mieux, ainsi que les parois latérales.

III

OUTILLAGE A MAIN DU MARTEAU-PILON.

Nous compléterons les travaux du forgeage mécanique au marteau-pilon en donnant quelques détails sur les les outils le plus ordinairement employés pour ce travail.

Nous avons ici en vue les tranches, dégorgeoirs, chasses, poinçons, etc. Nous ne parlerons pas des matrices, ni des étampes de toutes formes, dont les avantages ne peuvent être contestés, car la description de ces outils nous conduirait à des détails qui ne feraient que surcharger la mémoire de l'ouvrier sans l'aider dans son travail, et qui, de plus, pourraient faire supposer que nous voulons nous renfermer dans la pratique des vieux préjugés.

Nous laisserons donc à l'intelligence du praticien, le soin de confectionner lui-même les outils de l'espèce et qui conviennent le mieux à tels ou tels travaux.

Dans tous les cas, tous les outils de pilon, sans exception, seront toujours étudiés avec soin dans leurs formes, leurs dimensions et leur poids, en tenant compte bien entendu des conditions dans lesquelles ils devront être employés.

Comme exposé, nous allons préciser le plus succinctement possible et, avant d'entrer dans les détails relatifs aux formes à donner aux outils dont nous avons à nous occuper ici, les avantages que l'on peut retirer d'un outillage parfait, car il faut bien le dire, si les outils mis à la disposition du maître forgeron n'ont pas toujours préalablement reçu les formes qui conviennent à leur usage, l'ouvrier sera le premier à souffrir de ce manque de prévoyance.

En effet, l'ouvrier a-t-il toujours pris toutes les précautions qui doivent le mettre à l'abri de la plupart des événements fâcheux qui peuvent survenir pendant le travail au marteau-pilon? Non. Néanmoins, ces événements ne doivent point non plus toujours être imputés à son inexpérience ni à son inertie, car il arrive assez souvent que des praticiens dont l'habileté ne peut être méconnue, qui connaissent toutes les ressources du métier, se blessent dans le cours du travail parce qu'ils n'ont eu à leur disposition qu'un outillage insuffisant ou imparfait.

En effet, le marteau-pilon est toujours un outil brutal et l'ouvrier qui s'en sert n'a pas le loisir de se garer de ses brutalités; toute son attention est concentrée sur l'objet qu'il façonne, auquel il devra donner des formes appropriées au besoin du moment, et qui présenteront, tantôt des plans inclinés, tantôt des formes circulaires.

Ces différentes formes s'obtiennent au moyen d'outils spéciaux; mais il est facile de concevoir que l'outil dont on fait usage, n'est pas toujours placé sur le fer d'une manière bien parallèle à l'aire du marteau-pilon qui, en choquant l'outil, le rétablit dans une position normale, on le fait dévier complétement de cette position en le chassant brusquement tantôt en amont, tantôt en aval; d'où il résulte des séries de coups portés à faux qui fatiguent considérablement l'ouvrier, et peuvent même le blesser si l'outil n'a pas préalablement reçu une disposition spéciale pour annuler en partie les effets du choc.

Description de l'outillage.

Cette disposition spéciale des outils que nous avons ici en vue, consiste à souder la partie travaillante (on nomme partie travaillante, l'outil proprement dit qui est soumis aux chocs du marteau-pilon) à une longue tige de fer ronde qu'on amincit, comme un fort ressort, à une distance de 8 à 10 centimètres en dessous de ladite partie travaillante : c'est à cette disposition particulière que nous devons l'annulation des coups faux du pilon ; en effet, il est facile de concevoir que si la tige en question présente une flexibilité suffisante pour céder sous les chocs du pilon, son usage n'offrira plus aucun danger, même pour ceux des ouvriers qui n'auraient point l'habitude du travail au marteau-pilon.

Quant à la longueur et à la grosseur de la tige de chacun de ces outils, elles doivent être en raison des dimensions de la partie travaillante.

Chacune de ces tiges sera armée d'un anneau à son extrémité ; cette disposition a pour but d'en faciliter l'emploi, c'est-à-dire de le rendre plus maniable.

Nous donnons, *fig.* 74 et 75, *pl.* 16, deux tranches de pilon ; la *fig.* 74 représente une tranche en acier poule soudée à une tige de fer. La *fig.* 75 représente une tranche semblable à la précédente, si ce n'est qu'elle est en acier fondu et rivée à une tige de fer. Le côté tranchant de cet outil doit être légèrement arrondi sans former de biseau ; cette disposition a pour effet de rendre l'outil plus résistant aux chocs du pilon. Le dos sera légèrement arrondi dans le sens diamétral, afin de prévenir autant que possible la détérioration de l'aire du marteau-pilon. En effet, cette partie choquante sera mieux conservée, par ce fait seul qu'elle ne rencontrera pas dans sa chute les angles aigus de l'outil en acier.

Quand il s'agit de faire une gorge, ou d'élargir certaines parties d'un bloc de fer, on emploie pour cela un dégorgeoir ; cet outil n'est, le plus souvent, qu'un morceau de fer rond n'ayant reçu aucune forme préalable, quelquefois même pris au hasard dans l'atelier.

Toutefois nous condamnons ce procédé parce qu'il est toujours défectueux et même quelquefois dangereux ; car si l'outil, au lieu d'avoir été pris au hasard, a subi préalablement une préparation qui en approprie les formes à l'usage qu'on en veut faire, il deviendra nécessairement plus commode et offrira en même temps plus de sécurité à l'ouvrier qui le maniera.

Les *fig.* 76, 77 et 78, *pl.* 16, représentent trois de ces outils dont les formes varient suivant les conditions dans lesquelles ils doivent être employés. La partie travaillante de chacun de ces outils doit être faite avec du fer parfaitement corroyé. De même qu'aux outils dont nous avons parlé plus haut, on y soudera une tige en fer rond que l'on disposera également de la même manière.

Quand il s'agit de parer ou de travailler une pièce quelconque dans certaines de ces parties dont les formes spéciales ne permettent point de soumettre la pièce directement aux chocs de l'aire du marteau-pilon, on emploie alors des outils appelés *chasses, fig.* 79, *pl.* 17. Ces

outils sont, comme les précédents, armés d'une longue
tige de fer tenant lieu de manche; la partie travaillante recevra les formes appropriées aux travaux à exécuter.

Veut-on pratiquer des œillards à chaud sur les pièces
en travail à la forge ou au four à corroyer? Cette opération s'exécutera à l'aide de poinçons et mandrins divers
à peu près semblables à ceux dont on se sert à la forge
à main, mais plus matériels; ils auront pour manche
une tige en fer rond armée comme les précédents d'un
anneau à leur extrémité, *fig*. 80, *pl*. 17.

Dans le forgeage au marteau-pilon, l'emploi de compas, de calibres et de gabarits est de toute nécessité pour
vérifier la pièce en œuvre, et s'assurer ainsi qu'on lui
fait prendre exactement les formes qui lui sont propres;
mais s'il s'agit d'allonger une pièce ayant de fortes dimensions pour la réduire à de plus faibles, et qu'elle
doive conserver dans ce travail la forme parallélipipé-
dique, on fait usage d'un outil appelé *tasseau*, *fig*. 81,
pl. 17.

Le tasseau n'est autre chose qu'un morceau de fer
ayant préalablement reçu des formes rectangulaires ou
quadrangulaires suivant les formes et les dimensions
que doit avoir la pièce finie de forge. La partie travaillante de ce tasseau, longue de 15 ou 20 centimètres est
soudée à une longue tige de fer, servant à la diriger
selon le besoin du moment. Pendant l'étirage du fer, le
tasseau est placé, par un aide, sur l'enclume du marteau-
pilon, contre la pièce soumise à la percussion du marteau; il est tourné tantôt sur champ tantôt sur plat, suivant que le maître forgeron tourne lui-même son fer qui
doit être amené aux dimensions du tasseau, sur lequel

le choc du marteau aura lieu quand la pièce aura atteint ses dimensions.

Ainsi que nous l'avons déjà dit, nous pourrions donner de plus amples détails sur l'outillage employé au marteau-pilon, mais il nous a semblé plus rationnel de laisser ce soin à la disposition du praticien : toutefois, la série d'outils dont nous venons de nous occuper dans cet article, est, nous le croyons, suffisante pour prouver à l'ouvrier que l'on ne doit jamais perdre de vue les avantages que l'on peut tirer d'un bon outillage qui contribue toujours puissamment au perfectionnement du travail, et nous prouve l'excellence de ce proverbe : « Les bons outils font la moitié de la besogne. » En effet, quel est l'ouvrier intelligent qui ne recherche pas des moyens d'exécution prompts et sûrs, un outillage parfait et des méthodes de faire vite et bien ?

(La figure 82, *pl.* 17, représente une tranche-gouge de marteau-pilon).

IV

CORROYAGE DU FER PAR PAQUET DANS LA FORGE
A MAIN.

On chauffe aussi le plus souvent des paquets de ferraille dans les forges à main; mais ce travail est loin de ressembler à celui que nous venons d'exposer et qui traite du four à corroyer.

Les paquets que l'on corroie ainsi sont préparés, suivant que les fers dont on dispose sont plus ou moins avantageux, pour former des bottes que l'on cercle solidement avec des anneaux en fer soudés, *fig.* 83, *pl.* 18.

On dispose ordinairement au milieu de ces bottes de ferraille une barre de fer longue de 1 mètre 50 centimètres à 2 mètres environ, et d'un diamètre qui varie d'après le volume des paquets.

Cette barre de fer que l'on a disposée au milieu du paquet, s'appelle en terme de métier, ringard ou gouver; elle est armée à son extrémité d'un anneau rond formant une crosse, dans laquelle on introduit un vieux manche d'outil ou un tronçon de bois dur, ayant de 50 à 60 centimètres de longueur. A cet effet, il faut disposer préalablement le manche de l'outil de façon à le faire passer dans l'anneau sus-indiqué en l'enfonçant à coups de marteau jusqu'à ce qu'il soit divisé en deux parties égales. Ce manche en bois sert de manivelle au ringard.

Le ringard permet de diriger le paquet dans le feu pendant le chauffage; il le tourne et le retourne sens dessus dessous à mesure que l'opération se continue, de façon à lui faire prendre une égale température dans toutes ses parties. Il sert également à gouverner la pièce en travail de forgeage au marteau-pilon.

On peut aussi préparer des paquets en réunissant les unes aux autres des barres de fer plates de longueur et largeur proportionnées au volume des pièces à forger; on saisit l'une des extrémités de ces paquets avec une tenaille dont la forme épouse assez exactement celle du paquet, *fig.* 84, *pl.* 18, et l'on serre fortement les mords en engageant une maille en fer dans les branches; on le porte ensuite en chaufferie où on l'élève à la chaleur du blanc-soudant. On le retire du feu quand il est arrivé à cette température pour le soumettre aux chocs du marteau-pilon; on le martelle suivant les formes qu'on veut lui donner.

Toutefois, nous devons faire remarquer que le volume de ces paquets ne doit jamais excéder la puissance du chauffage de la forge dans laquelle l'opération doit avoir lieu, sinon, le paquet ne pourrait pas être amené à une température convenable pour être soudé jusque dans ses parties centrales. La chose est du reste facile à vérifier en tenant compte de la forme qu'aura prise le paquet sous le marteau-pilon; si la température a été suffisante dans toutes ses parties, le bout du paquet prendra la forme d'un pointeau, *fig.* 85, *pl.* 18, et si, au contraire. le degré de chaleur n'avait pas été poussé assez loin, le bout prendrait une forme opposée à la précédente, c'est-à-dire qu'il présenterait un creux, car les surfaces seules ayant atteint le degré de température convenable de blanc-soudant s'allongeraient sur les parties du centre qui ne seraient pas suffisamment chaudes.

Dans le cas où il s'agirait de faire une pièce de forte dimension, et que pour cela on fût obligé de doubler le fer afin d'avoir la force nécessaire pour l'enlever, on préparerait alors deux paquets de moindre dimension que l'on soumettrait chacun séparément au soudage.

Chacun de ces paquets sera également armé d'un ringard qui tiendra lieu de gouver, pour procéder aux opérations du chauffage et du martelage.

Lorsque ces deux paquets, que l'on nomme aussi dans ce cas lopins ou maquettes, auront été ainsi disposés, on procédera au soudage : pour cela, on chauffera chacune des maquettes dans une forge ; lorsqu'elles seront également chaudes dans toute leur longueur à la température de blanc-soudant, et après avoir bien soigné plus particulièrement le milieu, on les retirera du feu à cette température, pour les porter sous le marteau-pilon où elles seront placées l'une sur l'autre, *fig.* 86, *pl.* 18 ; on aura soin surtout de balayer les deux parties qui soudent avant de les appliquer l'une sur l'autre ; on devra aussi souder plus particulièrement le centre de la pièce ; autrement il n'y aurait plus moyen de pouvoir souder, comme aux bouts, par une deuxième chaude ; le soudage du centre a aussi l'avantage de chasser aux extrémités de la pièce les crasses qui auraient pu y rester enfermées si l'on avait d'abord soudé les bouts.

La réunion des deux morceaux étant faite, on détachera au moyen d'une tranche celui des ringards qui paraîtrait offrir le moins de solidité, et le bloc restera toujours armé d'un ringard pour gouverner la pièce et lui donner les formes exigées.

Dans l'opération qui vient d'être décrite, une deuxième chaude générale est toujours nécessaire; aussi doit-on se hâter de remettre au feu avant que le fer perde trop de sa chaleur; mais avant de donner cette deuxième chaude, le feu sera débarrassé du mâchefer qui peut s'y être formé dans la précédente chaufferie; on contribuera ainsi à accélérer la température à blanc-soudant que doit avoir le fer. Nous savons déjà que le fer brûlerait et s'oxyderait rapidement s'il languissait dans le feu et ne pourrait être porté à la température de blanc-soudant, ou si la chaufferie était entravée d'une façon quelconque.

Bien que nous ayons déjà parlé dans un chapitre spécial de la conduite du feu de la forge, nous croyons néanmoins devoir donner ici quelques nouvelles indications sur ce travail.

Dans la chaufferie des paquets à la forge, le meilleur moyen pour obtenir un bon chauffage est d'établir un contre-feu, en alimentant le foyer avec du coke concassé, sur lequel on aura placé le paquet que l'on recouvre aussi avec du coke; on met, contigu à celui-ci, du charbon houille préalablement mouillé, afin de lui donner plus de cohésion; on le tasse en forme de calotte pour chauffer à feu couvert.

Lorsque le métal commence à prendre le blanc-soudant, on doit le retourner, ainsi que nous l'avons déjà dit, sens dessus dessous afin qu'il chauffe également dans toutes ses parties; nous ajouterons que c'est à ce moment que l'ouvrier doit apporter à la chaufferie une attention très soutenue. Il arrive, en effet, le plus souvent que, soit par l'effet de la température élevée du métal qui aura rendu liquide les scories pouvant obstruer le trou de la tuyère, soit par la pression de l'air nécessaire au chauffage devenue à ce moment insuffisante pour chasser les morceaux de coke qui pourraient, comme les scories, embarrasser le trou de ladite tuyère, qu'il se forme à la surface du métal un oxyde qui se compose de cette scorie, résultat ou de l'oxydation du métal ou de la combustion de la houille, ou encore du sable que l'on jette ordinairement sur le fer, au fur et à mesure que l'opération de la chaufferie se prolonge au blanc-soudant.

Tels sont les inconvénients qui peuvent se produire à la chaufferie de grosses pièces dans la forge à main ; inconvénients qu'il faut éviter avec soin, car un mauvais chauffage est d'autant plus dangereux qu'il dénature en grande partie les propriétés du fer.

On comprend aisément par ce qui vient d'être dit que l'opération du corroyage du fer par paquet dans la forge à main, est loin de fournir des résultats aussi avantageux que par le procédé du four à corroyer.

QUATRIÈME PARTIE.

———

EMPLOI DES ACIERS. — ESSAI DES ACIERS.

ACIER DAMASSÉ FACTICE. — SOUDER L'ACIER FONDU.

SOUDER L'ACIER NATUREL A LUI-MÊME.

SOUDER L'ACIER NATUREL AVEC DU FER DUCTILE ET PROPORTIONS PRATIQUES

A DONNER AUX MARTEAUX DE FORGERON.

NOTES RELATIVES AU SOUDAGE DE L'ACIER AVEC LE FER.

RECUIT DE L'ACIER FORGÉ.

RÉGÉNÉRER L'ACIER ET LE FER BRULÉS.

I

Bien qu'il ne soit pas indispensable que tout ouvrier sache faire de l'acier, il est du moins utile que chacun de ceux qui l'emploient ait une idée exacte de sa fabrication ; nous n'en parlerons donc que très-succinctement, mais en donnant les développements nécessaires pour faciliter le travail de ce métal à la forge.

On distingue trois espèces d'aciers, qui ont chacune des propriétés spéciales à l'usage que l'on en fait. Ce sont :

1° L'acier naturel ;
2° L'acier de cémentation ;
3° L'acier fondu.

1° *Acier naturel.* On l'appelle naturel, parce qu'il est obtenu directement par la fusion des minerais ou de la fonte, sans passer par l'état de fer.

2° *Acier de cémentation.* Il est le produit du fer forgé de bonne qualité, qui est carburé sous l'influence prolongée d'une haute température, au contact du charbon de bois pulvérisé, et chauffé en vase clos, c'est-à-dire dans des caisses réfractaires et que les gaz ne peuvent pénétrer.

3° *Acier fondu*. Il est le produit qu'on obtient, par la fusion dans des creusets très-réfractaires, de l'acier naturel ou cémenté, soit ensemble, soit séparément, et dans des proportions diverses, selon les qualités d'acier plus ou moins dures que l'on veut obtenir.

L'acier naturel se soude très-facilement, soit à lui-même, soit au fer ; mais il y a lieu d'observer qu'une pièce faite de cet acier, et qui a été portée au blanc-soudant aux premières chaudes, doit, lorsqu'elle est sur sa fin, être soumise à des températures moins élevées, sans quoi l'acier serait inévitablement ramené à l'état de fer.

L'acier de cémentation, dont la qualité est supérieure à celle de l'acier naturel, exige nécessairement plus de ménagement que le précédent. Il se soude assez bien, mais il faut observer avec soin de diminuer l'intensité de la chaleur à chaque chaude au fur et à mesure que la pièce s'achève.

L'acier fondu fabriqué exceptionnellement avec de l'acier de cémentation parfaitement réussi de fabrication donne de l'acier fondu de première qualité; son emploi est presque illimité, lorsqu'on est habile à le travailler convenablement; car on peut en faire tous les outils et instruments imaginables, tous les objets qu'on ne pourrait même pás obtenir avec les autres aciers, parce qu'à lui seul, il réunit toutes les qualités désirables.

Il est malléable et ductile, parfaitement homogène, aussi on en fait des filières à tirer au banc, qui doivent être employées non trempées. On en fait également du fil pour fabriquer les aiguilles à coudre, des ressorts, des timbres, etc.

Ajoutons qu'il y a même économie à l'employer plutôt que tout autre acier, attendu qu'il est plus durable et que les outils ou instruments faits de cet acier sont meilleurs. Il est plus facile à tremper pour en obtenir des qualités égales, il se redresse avec une grande facilité.

Il est préféré à tout autre, pour la confection des matrices et coins des monnaies, ainsi que pour les instruments de chirurgie, et les marteaux destinés à tailler les meules de moulin.

Le n° 2 qui est produit des mêmes matières que le n° 1, mais qui a été bien moins réussi à la fusion, ce qui le rend plus sec, est plus carburé, sans cesser toutefois d'être de bonne qualité; il est employé pour les mêmes objets que produit le n° 1, sauf pour les objets les plus délicats.

Le n° 3 est le produit de matières premières un peu moins pures que celles employées pour les précédents, mais bonnes cependant; l'acier en est un peu plus carburé et plus sec. Il doit être employé pour la confection des forts burins de monteurs et des forts outils de raboteurs, des poinçons à percer la tôle et des poinçons d'outils à découper, des lames de cisailles, etc.

Le n° 4 qui est de l'acier fondu fort doux est convenable pour les matrices de moyenne grandeur, les fortes plaques à découper, les tranches, les marteaux à main et à frapper devant, etc.

Cet acier convient admirablement bien pour le fil d'acier destiné à la fabrication des ressorts.

Le n° 5 est de l'acier fondu encore plus doux; c'est l'acier fondu soudable; il peut remplacer l'acier corroyé dans bien des emplois. Il convient pour tables d'enclumes, pour les gros marteaux, les matrices de grande dimension, les ressorts de voitures et de wagons, les tiges de piston, etc.

On fait enfin de l'acier plus doux que le nº 5, pour les cuirasses ou les objets fortement emboutis.

II

ESSAI DES ACIERS.

L'essai des aciers a pour but d'apprécier rapidement
et avec une certaine exactitude les propriétés principa-
les du métal, et de permettre de les classer selon leur
valeur industrielle.

Les propriétés qu'il importe de constater dans un
essai d'acier, sont : la ténacité à chaud et à froid, la
soudabilité, la malléabilité, l'élasticité, l'homogénéité, la
dureté à la trempe, les conditions du recuit, la solidité
au feu. Ces divers caractères peuvent être appréciés par
les méthodes suivantes :

Malléabilité. En étudiant le travail d'un lingot d'acier
au marteau-pilon, l'acier est forgé au degré qui convient
à sa nature en lames minces de :

15 à 20 centimètres de longueur ;
1 à 1 et demi de largeur ;
1 à 2 millimètres d'épaisseur.

Une moitié des lames est forgée et contre-forgée ; les
aciers qui ne sont pas malléables, ou qui sont mal soudés, se fendent, au milieu, sur le sens de la longueur.

Ténacité à froid et élasticité. Une petite barre d'acier
est placée dans un étau, dans un sens horizontal, puis

elle est soumise à l'action d'un poids convenable. L'acier le plus tenace est celui qui supporte le poids le plus considérable sans se rompre; le plus élastique est celui qui se rapproche le plus de la ligne droite lorsque le poids est enlevé.

L'acier en barre, placé dans l'étau, dans un sens vertical, est marqué sur une seule face, au point où l'on veut le casser, le trait de lime ayant été mis à la hauteur de la mâchoire antérieure de l'étau. Ayant les mains gantées, on tire à soi, sans secousse, et avec une certaine lenteur, jusqu'à ce que la rupture ait lieu.

Ces expériences peuvent être faites sur de l'acier trempé et recuit.

Soudabilité. Cette propriété est constatée au moyen d'une soudure faite par le forgeron. Un bout de la barre mis au feu est juxtaposé sur un autre bout de la même barre en bec de flûte; on soude à chaude portée.

Si, après le forgeage, les faces sont bien nettes, qu'il ne se forme point de gerçures ni de crevasses, l'acier est de bonne qualité.

Il ne faut pas oublier toutefois que l'acier, quelle que soit sa qualité, se soude à un moindre degré de chaleur que le fer; et qu'il faut toujours le garantir soigneusement du contact de l'air; on est obligé pour cela d'enduire les endroits où la jonction doit avoir lieu, avec une terre d'argile fusible délayée dans de l'eau. Cette précaution est plus nécessaire encore, si l'on soude l'acier avec le fer au lieu de la souder avec lui-même, parce que le fer exige une température plus intense et qu'on est alors obligé d'exposer l'acier à la chaleur plus longtemps qu'il ne faudrait le faire eu égard à la nature de ce métal. Nous aurons du reste l'occasion de revenir plus loin sur le sujet intéressant du soudage des aciers.

Homogénéité. On regarde à la loupe une lame d'acier poli ; en passant à sa surface une pointe d'acier trempé, on examine si elle s'enfonce également dans le métal. On peut aussi, dans le même but, faire agir l'acide azotique sur l'acier, et s'assurer ensuite, à la loupe, de l'état moléculaire de l'acier.

On peut également couper la barre d'acier, suivant ses dimensions, non pas sur le plat, mais sur le champ ; tous les aciers à essayer devront être coupés de cette manière pour mieux en apprécier les qualités. On lui fait une entaille profonde avec la tranche à froid, ensuite on met en porte à faux pour le casser. Il ne suffit pas toujours, du reste, de couper la barre dans un seul endroit pour s'assurer de sa qualité, il faut répéter cette opération au moins dans deux ou trois endroits afin que l'on puisse mieux comparer les diverses qualités qu'elle renferme.

Trempe et recuit. Les méthodes ordinaires servent à les déterminer et à se rendre compte des qualités de l'acier.

Les cassures, après le recuit, sont rapprochées des cassures après la trempe, et toutes les deux sont comparées aux cassures de l'acier en barre.

Solidité au feu. Il est également très-nécessaire de déterminer le nombre de chauffes qu'un acier peut supporter sans s'altérer. L'acier, après avoir été forgé convenablement, est trempé ; l'extrémité est ensuite cassée pour avoir une épreuve du grain.

On renouvelle cette opération, une fois, deux fois, trois fois jusqu'à ce que, après la trempe, on voie l'acier se fendiller à sa surface.

Dureté. La dureté est la résistance qu'oppose le métal

à être entamé, rayé ou usé par un corps plus dur que lui. L'acier trempé le plus tendre se laisse rayer par le verre; l'acier le plus dur n'est rayé que par le diamant.

L'acier doux, après avoir subi une chaude suante, peut être forgé en plate bande sans qu'il soit besoin de le chauffer de nouveau. Si, en le martelant avec force, il ne présente pas de crevasses sur ses bords; si après l'avoir fait chauffer au rouge-sombre, et l'avoir plongé dans l'eau, on peut le marteler à froid sans qu'il en résulte de cassures, ou si enfin on peut le plier facilement dans divers sens, sans qu'il crique, on doit le considérer comme doux, fin et de bonne qualité.

Les meilleurs aciers sont ceux dont le son est le plus clair, se prolonge le plus longtemps et se soutient le mieux après les épreuves de la forge et de la trempe répétée. Le son est d'autant plus aigu que la fibre est plus longue, plus déliée et plus délicate; il devient d'autant moins grave et moins prolongé, que l'acier est plus sec et la fibre plus courte. Un acier qui sonne mal après la trempe a quelque vice intérieur.

L'épreuve du son se fait sur un morceau d'acier pesant 250 à 300 grammes environ, et suspendu à une ficelle. Le son est une résultante de l'homogénéité, de la malléabilité, de la densité, de la force, de la ténacité, de la vivacité, de la dureté, du nerf, de l'élasticité, de la porosité et de la résistance.

Poli de l'acier. Pour juger de la qualité de l'acier destiné à la coutellerie fine, et surtout à la fabrication des rasoirs, il est souvent indispensable de l'amener à un poli parfait. C'est à ce point qu'on peut reconnaître, par l'inspection, certains vices de l'acier, surtout son défaut d'homogénéité et son mélange avec le fer ou la fonte.

Quoi qu'il en soit, si l'on veut avoir l'assurance que la matière que l'on a en main est parfaitement convenable pour la fabrication de l'objet que l'on veut produire, il vaut toujours mieux confectionner cet objet à titre d'essai ; cet essai donnera à coup sûr, des résultats plus concluants que ne pourrait le faire aucune des méthodes dont nous venons de parler, si parfaitement appliquée qu'elle puisse être.

III

ACIER DAMASSÉ FACTICE.

A de certaines époques nous avons eu l'occasion de faire quelques lames de sabre, nous en avons profité pour essayer de faire de l'acier damassé factice, en employant pour ce travail tous les moyens qui nous ont semblé être de nature à produire de bons résultats.

Nous fîmes d'abord cette opération en petit échantillon, en préparant un petit paquet composé de différents aciers, de manière à former une trousse de 6 ou 8 barres disposées de telle sorte que l'acier d'une qualité fût en contact avec l'acier d'une autre qualité.

Ce lopin fut enveloppé d'argile, pour le préserver du contact de l'air, mis ensuite au feu pour y être soudé et converti en une barre d'acier; il fut tordu dans un étau, étiré une seconde fois pour être coupé en deux et ressoudé de nouveau sur lui-même; il fut mis en rapport quant à l'épaisseur, la largeur et la longueur relatives avec l'objet à confectionner. Ce travail achevé, une âme en bon acier soudable fut forgée à une épaisseur double au moins de l'un des morceaux dont nous venons de parler, à l'exception, toutefois, du tranchant dont nous eûmes soin de réduire l'épaisseur de moitié de celle du dos : cette disposition préalable a pour but de faciliter le travail de l'étirage lorsque la pièce a été parfaitement soudée.

Enfin, les deux morceaux qui doivent servir à recouvrir exactement l'âme avaient reçu, à quelque chose près, les mêmes formes que ladite âme.

Le lopin ainsi disposé, fut de nouveau enveloppé d'argile et mis dans un feu de forge où il fut élevé rapidement au degré de température de blanc-soudant.

Ce lopin ayant été parfaitement soudé d'un bout à l'autre, on pratiqua sur ses surfaces divers tracés au moyen d'un burin-gouge, selon les dessins que l'on voulait obtenir; après quoi, l'opération de l'étirage fut continuée jusqu'à ce qu'elle eût les formes exigées.

La lame fut ensuite trempée et recuite pour être émoulée et polie; puis l'on fit paraître le moiré en la plongeant dans de l'acide sulfurique étendu d'eau.

IV

SOUDER L'ACIER FONDU.

La difficulté qu'on éprouve ordinairement pour souder de l'acier fondu sur lui-même ou entre du fer, par mise, ou du fer très-mince, sera aplanie par l'emploi de la poudre à souder dont nous donnerons quelques formules plus loin.

Examinons d'abord la question du soudage de deux aciers fondus, et prenons pour exemple deux tronçons de burins d'ajusteur, que nous nous proposons de réunir en un seul.

A cet effet les deux parties qui doivent être réunies l'une à l'autre, ou mieux qui doivent former la jonction de la soudure, recevront d'abord les formes relatives à ce genre de soudure, c'est-à-dire qu'on en disposera les bouts en cunéiforme (forme de coin).

Les deux parties qui doivent être mises en contact seront, après avoir reçu les formes précitées, parfaitement nettoyées à la lime, afin qu'il ne reste ni crasse, ni pailles ; elles seront ensuite recouvertes d'une légère couche d'une des compositions dont on aura fait choix pour cette soudure, et qui formera un enduit qui contribuera à l'attraction des deux parties à réunir mises en contact l'une de l'autre ; ces deux parties seront maintenues en cet état au moyen d'une tenaille serrant l'une des extrémités de la jonction, *fig.* 87. *pl.* 19.

On recouvrira ensuite les surfaces qui doivent être soumises au feu, d'une couche de la composition employée pour cette opération.

La pièce sera aussitôt après, soumise à un petit feu de forge bien allumé, et surtout exempt de crasses; on chauffera vivement jusqu'à ce que la soudure soit en ébullition, et pour mieux s'en assurer, on la découvrira avec le bout du tisonnier croche quand on jugera le moment opportun ; et dès que la pièce aura atteint la température de rose l'ébullition de la soudure aura lieu ; il demeure entendu que pendant son chauffage et avant même qu'elle soit arrivée à la température précitée, on aura eu soin de saupoudrer la jonction en jetant dans le feu et sur la soudure la poudre à souder ; on aura eu soin également de mettre un peu de cette poudre sur la table de l'enclume où doit être placé le métal chaud. C'est alors qu'on apportera vivement la pièce sur l'enclume ; on martellera d'abord à petits coups et le plus vivement possible ; on forcera la percussion à mesure que le métal perdra de sa chaleur.

Comme une deuxième chaude est le plus souvent nécessaire pour faire disparaître toute solution de continuité, elle sera exécutée suivant les principes qui viennent d'être décrits pour la première.

Veut-on souder une mise d'acier fondu en lardon à une tranche ou à tout autre outil tranchant, on préparera à cet effet la mise en coin formant la queue de poisson ou de croissant ; on enlèvera ensuite au moyen d'une tranche, et sur la partie déclive du coin, une espèce de griffe qui s'enfoncera dans le fer chaud et tiendra ainsi le coin dans une position bien fixée.

Le fer dans lequel on doit souder le lardon d'acie fondu, sera fendu au bout, puis on amorcera les deux lèvres ; le lardon y sera ajusté aussi grossièrement que le permet ce genre de travail, on aura soin surtout de l'y refouler pour qu'il pénètre au fond de l'ouverture du fer et y laisse le moins de vide possible ; on l'en retire pour chauffer de nouveau le fer au blanc ; on en décrassera bien l'intérieur avec le bout d'une lime, on y introduira ensuite une des compositions qui servent au soudage de l'acier fondu ; on y replacera le coin et on resserrera bien les amorces avec la panne du marteau à main en buttant le coin pour qu'il ne sorte pas d'entre le fer ; les deux cornes du coin qui débordent le fer seront rabattues sur l'interstice des jonctions de la soudure pour empêcher que l'air n'y pénètre ainsi que des crasses d'oxydes qui s'opposeraient certainement à la parfaite soudabilité des métaux.

On opérera le reste comme il a été dit plus haut pour la soudure de l'acier fondu à lui-même ; nous aurons du reste l'occasion de reparler plus loin du soudage de l'acier avec le fer.

Voici trois formules pour souder l'acier fondu, dont les résultats obtenus ont toujours été satisfaisants.

Première formule.

Silice ou grès.	250 grammes.
Carbonate d'ammoniaque .	50 —
Cyanure de potassium. . .	10 —

On réduit en poudre ces trois matières, on les mélange intimement pour en faire usage.

Deuxième formule.

Borax calciné . . . . 50 grammes.
Acide borique. 25   —
Limaille de fer. 25   —

Cette deuxième formule sera employée d'après les mêmes principes que la première.

Troisième formule.

Silice ou sable fin. . . . . 250 grammes.
Borax calciné 50   —
Chlorure de chaux 25   —
Chlorure de sodium décrépité 10   —

Cette troisième formule donne, de même que les deux précédentes de très-bons résultats, mais nous pensons que la première est la meilleure à tous égards.

Toutefois, ajoutons que le soudage de l'acier fondu demande un peu de pratique ; on n'y réussit pas toujours, parce que le feu n'a pas été bien nettoyé ; il convient donc d'y apporter beaucoup de soin ; l'opération peut aussi être manquée, si on n'a pas été assez prompt et on ne saurait l'être trop, ou encore si l'acier était trop ou trop peu chauffé : il faut surtout, éviter l'excès de chaleur.

V

SOUDER L'ACIER NATUREL A LUI-MÊME.

L'acier naturel, cémenté ou corroyé se soude généralement au fer ou à lui-même avec beaucoup de facilité,
mais comme plus l'acier est chauffé plus il se dénature,
on doit ne négliger aucune des précautions recomman-
dées pour la soudure de l'acier fondu.

Il faut donc le chauffer avec ménagement, éviter les
coups de feu et, lorsque la pièce commence à rougir,
jeter dessus en plusieurs fois, du grès, du sable fin, du
marbre pilé ou de la terre d'argile bien sèche et réduite
en poussière.

La pièce doit être retournée dans le feu sur toutes ses
faces, de manière qu'elle soit complétement entourée
de l'un des corps indiqués ci-dessus.

En sortant la pièce du feu, on la roule dans la substance dont on a fait choix et on la soumet alors à l'action du marteau de forge, dont les coups doivent être
d'abord faibles et précipités, puis augmenter de force
progressivement.

On peut de cette manière souder à lui-même l'acier
corroyé quelque vif qu'il soit et même certaine qualité
d'acier fondu, en agissant cependant à l'égard de ce dernier avec une extrême attention.

Il y a plusieurs manières d'opérer pour souder l'acier

à lui-même ; la plus connue est celle par amorces à chaude portée. Cette méthode peut être employée toutes les fois que les pièces à réunir sont d'une certaine épaisseur ou que leur forme le permet. Si la forme est à section quadrangulaire ou circulaire, le moyen le plus simple est par amorces à chaude portée ; mais si la pièce est à section rectangulaire, telle qu'une feuille de ressort de voiture ou de wagon, on refoulera comme s'il s'agissait d'une soudure ordinaire par amorces ; lorsque les bouts qui doivent être soudés auront été disposés en bec de flûte, on divisera avec une tranche bien effilée, et sur le sens de sa longueur la soudure en trois parties à peu près égales de manière à former trois lèvres (espèce de languettes) ; celle du milieu est renversée à coups de panne de marteau, du côté opposé aux deux lèvres des bords, renversées elles-mêmes dans un sens opposé à celle du milieu, *fig.* 88, *pl.* 19. Cette opération terminée, les morceaux à réunir sont chauffés au rouge-blanc pour être enchâssés l'un dans l'autre comme s'il s'agissait d'ajuster un nœud de charnière. C'est en frappant à l'extrémité de l'un de ces morceaux tandis que l'autre est tenu fortement par un aide qui a soin de résister à l'impulsion produite par le choc de chaque coup de marteau, donné par le maître forgeron à l'extrémité du morceau qu'il tient lui-même d'une main, qu'on les ajuste l'un dans l'autre ; quand les deux morceaux sont bien engagés l'un dans l'autre, on fait bien porter les lèvres l'une sur l'autre ; on ferme avec soin et à coups de panne de marteau tous les interstices en évitant surtout qu'il y ait de la crasse dans la jonction de la soudure.

Cette opération terminée, si la soudure avait trop perdu de sa chaleur on la chaufferait de nouveau au rouge-cerise, on en décrasserait bien toutes les faces à souder avec la pointe d'une lime pour les recouv. ir aussitôt d'une pâte de borax qui en fondant forme un vernis à la surface du métal et s'empare des oxydes y existant, ce qui contribue à une réunion parfaite des jonctions du métal.

C'est dans cet état que la pièce est mise au feu ; on la chauffe comme s'il s'agissait d'acier fondu. Dès que la soudure commence à entrer en ébullition, on procède comme il a été dit au commencement de ce chapitre : la pièce à souder est apportée sur l'enclume, on frappe sur le plat à petits coups et le plus vite possible, observant de ne contre-forger que quand les amorces sont soudées.

Cette manière d'opérer pour souder l'acier à lui-même ou au fer ductile a certainement l'avantage sur celle à chaude portée, en ce sens que cette dernière exige toujours dans son travail une perte de temps qui influe certainement sur sa parfaite réussite, quand bien même l'opération aurait été menée avec beaucoup de célérité, tandis que dans celle dont il est question ici, par suite de sa disposition, la pièce se soude presque d'elle-même. En effet, si les amorces à souder sont ajustées avec beaucoup de précautions et d'adresse de la part du forgeron, elles seront mises à l'abri de l'oxydation de l'air qui les respectera et permettra aux amorces de se fondre avec la masse du métal.

Nous avons même soudé par cette méthode des ressorts en acier fondu : à défaut de borax, on pourrait réussir cette soudure en employant les matières dont il a été question au commencement de ce chapitre, mais il faut alors beaucoup de précautions et d'adresse de la part du forgeron.

VI

SOUDER L'ACIER NATUREL AVEC LE FER DUCTILE
ET PROPORTIONS PRATIQUES A DONNER AUX MARTEAUX
DE FORGERON.

Venant de parler, dans les chapitres précédents, du soudage de l'acier avec l'acier, nous n'y reviendrons pas ; mais, comme la plupart des outils de gros calibre, y compris ceux du forgeron, sont acérés, examinons comment s'effectue ce travail.

Prenons comme exemple la confection d'un marteau à main, son forgeage, son acérage, et sa symétrie : c'est-à-dire ses proportions pratiques.

Il est évident que, connaissant les proportions à donner à un marteau à main, ces mêmes proportions doivent être observées pour les marteaux à frapper devant et les marteaux dits rivoirs : si nous avons fait choix de cet outil, c'est autant pour parler de la conduite de son travail pratique que des moyens à employer pour souder l'acier : c'est d'ailleurs, l'outil indispensable pour l'ouvrier forgeron ; il mérite donc de fixer tout particulièrement notre attention.

On prépare d'abord l'acier qui doit servir à l'acérage des deux parties du marteau et suivant les dimensions que ce marteau doit avoir.

Les deux parties acérées se nomment : l'aire, ou en

terme plus usité la tête, et plus vulgairement encore le gros ; le côté opposé à cette partie se nomme la panne.

On soude l'acier de plusieurs manières, soit à chaude portée, soit en enlevant une ou deux griffes sur chacune des quatre parties du champ de la mise d'acier ; cette opération se fait à chaud au moyen d'une tranche emmanchée ou d'un ciseau à chaud.

Le moyen qui nous a paru le plus commode pour ce travail est celui par griffes. En voici l'explication : on dispose une mise d'acier, *fig.* 89, *pl.* 20, de forme rectangulaire armée de griffes tenant lieu d'amorces en s'enfonçant dans le fer chaud, ayant des dimensions en rapport avec celles que doit avoir le marteau à exécuter.

On passe ensuite à la préparation du fer, lequel doit avoir les mêmes formes, dans sa section, que celles de la mise d'acier précitée ; le bout du fer destiné à former l'aire du marteau, doit être suffisamment dressé à chaud pour recevoir l'acier qui sera placé sur la table de l'enclume, les griffes en l'air ou sur un tas reposant sur le sol : l'acier ainsi placé pour recevoir le fer qui doit être chauffé au blanc-soudant est posé sur la mise d'acier, par le maître forgeron qui fait prendre les griffes dans la partie chaude en faisant frapper par son compagnon sur le bout opposé à celui qui reçoit l'acier [1].

On fait ensuite chauffer le tout pour opérer le soudage, en ayant soin, pendant l'opération de pratiquer avec un tisonnier dans le feu et en dessus du fer une petite ou-

1. Dans cette opération, on aura soin en sortant le fer du feu de le frapper légèrement contre l'enclume, afin de faire tomber les crasses qui pourraient adhérer à la surface de la partie chaude ; si l'on omettait cette précaution et qu'il y eût de la crasse entre les deux parties à souder, il en résulterait certainement un soudage défectueux.

verture qui permette d'observer le degré de température
qu'il convient de donner au métal.

Dès que l'acier commencera à prendre la température
de blanc-soudant, on jettera dessus, au milieu du feu,
du grès pilé (pierre à meule), du sable, de la terre glaise
sèche, etc.; suivant que l'acier sera susceptible de supporter plus ou moins le feu, on pourra mêler du borax
pilé avec une des matières précitées, qui, nous l'avons
dit, servent à faciliter le soudage.

On aura soin aussi avant de donner la chaude soudante,
de mettre sur l'enclume une légère couche d'une des matières choisies, afin de faciliter l'union des deux métaux,
et d'empêcher ainsi les molécules de l'acier de se séparer
de la masse par le martelage.

La matière siliceuse employée, forme un fondant qui
enveloppe toute la partie soudante du métal, préserve l'a-
cier qui est plus fusible que le fer, de la violence du feu ;
l'acier, en outre, est, par ce moyen, chauffé à un degré
convenable jusque dans ses parties centrales.

Le métal est retiré vivement du feu propre à être soudé,
et apporté vivement sur la table de l'enclume où on le
refoule, opération qui consiste à saisir avec les deux
mains le bout opposé à la soudure et à choquer le métal
sur la table de l'enclume, d'abord à petits coups précipités, puis plus fort à mesure que le métal se refroidit.

Après avoir refoulé ainsi quatre ou cinq coups, le
maître forgeron replace prestement son fer dans la position horizontale, et ressaisit la chaude par un martelage
très-prompt. La pièce doit toujours avoir jusqu'à ce moment conservé la température de blanc-soudant.

Le maître forgeron forge ainsi les faces soudantes en
ramassant par chaque coup de marteau les particules

d'acier qui tendent à se séparer de la partie acérée. L'opération, pour être conduite à bonne fin, demande de la part du forgeron une grande célérité et un peu d'habitude du travail de l'acier ; toutefois, le martelage doit s'opérer en ayant soin de ramener l'acier soudant sur le fer.

Une deuxième chaude est toujours nécessaire dans ce travail, pour corriger une mauvaise soudure, soit parce que la première n'a pas été saisie assez vite par suite de l'inhabileté de l'ouvrier, soit parce que le degré de température n'a pas été suffisamment élevé.

L'acier étant parfaitement soudé (ce qui sera facile à reconnaître, lorsque après le soudage il n'existera ni fissures, ni interstices entre le fer et l'acier), on percera l'œil du marteau ; à cet effet, on prendra une ouverture de compas égale à A B, *fig.* 90, *pl.* 20, que l'on portera de l'extrémité de la tête C ; on décrira (avec cette ouverture de compas) un arc de cercle qui marquera en D, où doit être percé l'œil qui sera marqué de chaque côté du marteau au moyen d'un poinçon emmanché, *fig.* 91, *pl.* 20, de manière à laisser exactement AB en CD ; l'œil sera percé moitié par moitié ; c'est-à-dire que le poinçon est enfoncé d'un côté, à moitié fer seulement, puis retiré ; le fer est alors retourné sens dessus dessous et le perçage de l'œil continue jusqu'à ce qu'il soit complétement mis à jour [1].

1. Dans le travail du perçage de l'œil, il arrive souvent que l'ouvrier inexpérimenté ne retire pas à temps le poinçon pour le refroidir, afin de pouvoir continuer sans inconvénient l'opération du perçage ; par suite de ce manque de précaution le poinçon atteint bientôt un degré de chaleur rouge, et s'il arrive que l'ouvrier continue à faire frapper dessus en cet état pour l'enfoncer dans le fer chaud, le poinçon se refoule dans la partie où il se trouve engagé de telle façon qu'il n'obéit plus aux coups de marteau et que par suite on ne peut le retirer de l'œil qu'avec beaucoup de difficulté.

Deux mandrins en acier et de forme un peu conique, *fig.* 92 et 93, *pl.* 20, ayant des dimensions variées seront à la disposition du maître forgeron pour mandriner l'œil et servir pour la circonstance dans les opérations sucsessives de l'achèvement du marteau.

Le premier de ces mandrins *a* plus petit que le second A servira à ébaucher l'œil, tandis que l'autre de plus forte dimension ne sera employé qu'en dernier lieu, pour corriger les défectuosités résultant d'un travail mal conduit, parer le marteau et lui donner son dernier fini.

Pendant le perçage de l'œil, le poinçon qui l'opère cause toujours un déplacement de métal qui se trouve réparti sur les côtés de l'œil; (parties du marteau que nous dénommerons les joues PP'), *fig.* 94, *pl.* 21, on fait disparaître ce métal au moyen du martelage, si toutefois, le poinçon n'a subi aucune déviation dans le perçage; si, au contraire il avait pris de l'obliquité ayant produit un œil de travers, il serait nécessaire de rectifier cette défectuosité en retranchant le métal formant des épaisseurs inégales pour mettre l'œil dans un état symétrique; après l'œil terminé, viendra le menton, c'est-à-dire la partie formée par un congé en saillie se terminant par une espèce d'appendice que l'on appelle la panne.

Pour obvier à cet inconvénient, il est nécessaire de retirer le poinçon dès qu'il aura reçu quatre ou cinq coups de marteau, pour le refroidir aussitôt dans une grande masse d'eau, mais sans omettre de le redresser, s'il y a lieu, avant de le mouiller.

Dès que le poinçon a été enfoncé de deux ou trois centimètres dans le fer chaud, on le retire pour mettre dans l'œil un peu de houille menue qui forme une crasse facilitant la division du fer chaud et le dégagement du poinçon.

Ce procédé a aussi pour effet d'empêcher le poinçon de chauffer trop vite, le conserve mieux, ce qui favorise par conséquent sa résistance, et permet l'accélération du travail.

Dans la *fig.* 94, *pl.* 21, l'épaisseur $r = r'$, la partie r' que nous appelons le menton, est formée en donnant d'abord un coup de tranche perpendiculairement à l'œil; ce coup de tranche doit entamer le fer à une profondeur d'un demi-centimètre environ, cela dépend d'ailleurs de la grosseur du marteau; ce coup de tranche, disons-nous, est nécessaire d'abord pour marquer l'épaisseur qu'il convient de laisser en r, de manière à ne pas entamer avec la gouge, devant servir dans cette opération à enlever comme un quart de cercle qui forme le congé de la panne; la *fig.* 94, *pl.* 20, représente cette opération en M.

Reste enfin l'opération de l'acérage de la panne : cette partie doit être amenée d'abord aux dimensions voulues, et la mise d'acier être de forme déterminée d'après ces dimensions; enfin, la mise d'acier est armée de deux ou quatre griffes qui tiennent également lieu d'amorce en s'enfonçant dans le fer chaud, *fig.* 95, *pl.* 21; le soudage de cette partie du marteau s'exécute comme pour la tête.

Nous venons de dire que le soudage de l'acier à la panne s'exécutait d'après les mêmes principes que celui de la tête ou aire du marteau; cependant beaucoup d'ouvriers emploient aussi la méthode dite en gueule de loup (par coin). Dans cette opération, on fend la panne par bout et par le milieu de son épaisseur; dans cette fente on introduit l'acier préparé en forme de coin, *fig.* 96, *pl.* 21 ; on resserre les amorces avec la panne l'un marteau en battant le coin pour qu'il ne sorte pas l'entre le fer ni du fond de sa place et aussi pour que l'air ainsi que les crasses n'y pénètrent pas pour y former de l'oxyde qui s'opposerait au parfait soudage des métaux.

Ces opérations préalables et indispensables à la fois étant terminées, on fait chauffer la partie à souder au degré de chaleur voulu.

La pièce étant chaude est retirée du feu pour être placée sur la table de l'enclume, la tête ou aire du marteau en contact avec la table, de manière que l'on frappe sur l'acier comme pour l'enfoncer dans l'ouverture des deux lèvres de fer; ensuite, on replace promptement sur l'enclume la partie qui soude; on frappe vivement sur le plat plusieurs petits coups de marteau, puis légèrement sur les côtés des deux cornes des coins pour fondre ensemble les deux métaux.

Voici les proportions pratiques qui nous paraissent les meilleures dans le marteau dont il est question ici, représenté par la *fig.* 97, *pl.* 21. S = S', N = N', Y, angle obtus formé de manière à mettre l'extrémité du bord de la panne (côté du congé) dans l'axe de la tête du marteau.

VII

NOTES RELATIVES AU SOUDAGE DE L'ACIER AVEC LE FER.

Dans le soudage de l'acier avec le fer, la plupart des ouvriers pensent, mais à tort, que le degré de feu nécessaire pour souder l'acier détruit en grande partie le fer; assurément les praticiens qui ont cette opinion ignorent que l'acier est plus fusible que le fer; d'où il résulte que le degré de feu qui ne brûlera qu'une partie du fer détruira presque tout l'acier. Il suit de là, qu'après le soudage les deux métaux seront, il est vrai, plus intimement liés, mais le peu d'acier qui restera aura certainement changé de grain : il sera devenu plus lamelleux par les surchauffes qu'il aura subies, et aura perdu de sa qualité.

Tels sont les inconvénients qui se produisent le plus souvent dans ce travail, et cela faute de connaissances suffisantes sur les propriétés des métaux.

Mais disons toutefois que la simple habitude permet de souder l'acier ordinaire avec autant de facilité que s'il s'agissait de souder du fer ductile, avec cette seule différence, que l'acier doit être chauffé plus modérément et surtout à feu couvert, car le contact de l'air en oxyde les surfaces.

Il a déjà été parlé du soudage de l'acier fondu, ainsi

que de quelques compositions à employer pour ce travail, aussi croyons-nous ne pas devoir y revenir.

Quoi qu'il en soit, toutes les fois que nos essais nous mettront sous les yeux un résultat positif, nous le signalerons.

Cela posé, examinons rapidement le travail qui fait l'objet de notre sujet : il s'agit de souder de l'acier fondu au fer d'après les moyens ci-après.

On fait usage de vieilles limes que l'on casse par petits morceaux de la grosseur d'un pois, et que l'on dispose ensuite dans une sorte de virole en fer ou en tôle placée sur la table de l'enclume. On saupoudre ces fragments d'acier avec du borax.

La partie qui doit être acérée est chauffée au blanc-soudant, pour être immédiatement introduite dans la virole sur les morceaux d'acier; on fait aussitôt frapper à coups précipités sur le bout opposé, alors que la température du fer soudant fait fondre le borax, échauffe rapidement l'acier qui s'engage dans le fer et s'y soude.

Le travail du soudage doit être conduit avec une grande célérité ; et, dans tous les cas on devra toujours donner une deuxième chaude soudante qui terminera l'opération du soudage de l'acier au fer.

La virole précitée et dont il a été fait usage dans l'opération décrite plus haut, doit avoir reçu préalablement les formes appropriées à ce travail, c'est-à-dire que ladite virole doit épouser assez exactement les formes de la partie de la pièce qu'on se propose d'acérer, en faisant, toutefois, l'intérieur de cette virole de 5 à 6 millimètres plus grand que le diamètre de la partie à acérer. Cette disposition a pour effet de contribuer, tant au renflement dans la partie qui soude, qu'à la dilatation du fer à chaud. Ce renflement est produit par l'effet de la percussion du marteau sur l'extrémité de la partie opposée à celle à souder.

VIII

RECUIT DE L'ACIER.

Après avoir forgé une pièce en acier, on la soumet ordinairement à un recuit pour en diminuer la dureté et rendre au métal ses propriétés d'élasticité et de tenacité.

L'opération du recuit se pratique en portant l'acier à la température du rouge-sombre; on enterre ensuite la pièce dans un cément composé de charbon de bois pilé, ou le plus ordinairement dans le poussier de la forge pour intercepter toute communication avec l'air; puis, quand le métal est bien refroidi, on retire l'objet ouvré qui peut être soumis sans inconvénient à toutes les opérations manuelles qu'exige la pièce pour son fini.

Une pièce mince forgée, un peu froide, durcit sous les coups du marteau, et devient même cassante. Pour diminuer cette fragilité, il est d'usage comme nous venons de le dire, de la soumettre à un recuit. Mais ce recuit, disons-le, doit avoir nécessairement des limites surtout en ce qui concerne le degré de température à donner au métal. Mais le genre de recuit précité est-il absolument nécessaire pour les pièces en acier forgé? Non; nous remarquerons en effet, que si ce recuit en dilatant les molécules de l'acier qui aura été battu à froid, a la propriété d'en diminuer l'aigreur, il a aussi l'inconvénient grave de dénaturer certains objets principalement les tranchants.

Malgré cela, la routine et les vieilles habitudes, issues de préjugés condamnés cependant par la pratique, amènent la plupart des ouvriers à suivre scrupuleusement la théorie précitée.

Il est pourtant un autre recuit dont on pourrait facilement faire usage, car il a la propriété de modifier singulièrement la qualité de l'acier, et d'en augmenter même considérablement l'élasticité et la tenacité : c'est le recuit à l'eau. Ce recuit, bien des ouvriers le mettent journellement en pratique et en obtiennent les meilleurs résultats.

D'autres en usent également, mais dans le but le plus souvent de hâter le refroidissement de leur ouvrage. Ils ignorent certainement qu'ils ont contribué par ce travail à une modification incontestablement très-avantageuse dans la texture du métal.

Le recuit à l'eau consiste à plonger dans un bain d'eau chaude la pièce finie de forge, absolument comme s'il s'agissait de hâter son refroidissement pour la soumettre aussitôt après au travail de lime ; on la laissera dans cette eau tout le temps nécessaire pour ramener le métal à la température du bain.

S'il s'agissait de fabriquer des objets en acier fondu et très-délicats, on les soumettrait au recuit dont il vient d'être parlé ; toutefois pour que ces objets possèdent encore plus de qualités on pourrait composer de l'eau tout exprès pour ce genre de recuit ; en voici la formule.

On fera dissoudre 250 grammes environ de gomme arabique dans un litre d'eau de pluie ou à défaut dans de l'eau ordinaire ; comme on l'a dit plus haut, la pièce immédiatement après avoir été forgée sera plongée jusqu'à complet refroidissement dans cette eau gommée afin de pouvoir la limer de suite avec plus de facilité.

Cette eau a la propriété de resserrer les grains de l'acier d'une manière toute particulière et, en même temps, de le régénérer s'il avait été trop chauffé. Après le recuit, on pourra, si on le croit nécessaire, battre l'acier à froid sans qu'il ait à souffrir du genre de travail qu'on appelle récrouir.

Un autre recuit, qui est très-estimé par certains ouvriers, c'est le recuit avec du son.

On prépare une boîte en tôle fermée hermétiquement ; on met dans cette boîte les pièces à recuire qu'on enveloppe de son, de manière à empêcher toute communication d'air avec les pièces à recuire ; on fait chauffer la boîte avec du charbon de bois ou du coke et quand les pièces sont arrivées à la température du rouge-sombre, on retire la boîte du feu et on laisse refroidir ainsi le tout ensemble. (Pour déterminer le degré de chaleur voulu, la caisse est pourvue d'un petit trou à son centre dans lequel on introduit une baguette en fer que l'on nomme éprouvette ; cette baguette doit avoir une tempé rature de rouge-cerise).

Ce recuit a déjà été employé par des ouvriers graveurs ; nous avons pu le constater *de visu*.

Nous avons vu aussi, qu'on mettait des pièces en acier à refroidir dans de la limaille de fonte, et le résultat en a été des plus satisfaisants, car l'acier est devenu aussi doux à limer que le fer malléable.

IX

REGÉNÉRER L'ACIER ET LE FER BRÛLÉS.

Nous avons parlé, dans un chapitre spécial, du soudage des aciers fondus, et autres, en exposant brièvement quelques procédés pratiques pour l'exécution de ce travail; nous n'en parlons donc ici que pour mémoire.

Nous avons aussi indiqué quelques procédés variés pour leur soudage; néanmoins, nous insistons encore sur la nécessité qui s'impose de ne jamais chauffer les aciers, quelles que soient leurs qualités qu'avec une grande modération et en observant de ne dépasser la couleur rose que dans le cas de nécessité absolue.

Mais il arrive souvent que l'ouvrier pour tirer avantageusement parti de son acier se voit obligé de le chauffer à la température de blanc-soudant: soit que l'acier soit devenu pailleux par le travail du martelage, soit qu'il s'agisse de le réunir à du fer ductile. Dans ces deux cas, l'opération du soudage devient de toute nécessité.

Toutefois, doit-on pour cela en conclure que l'acier a été dénaturé? Non; si l'opération a été conduite par un ouvrier habile qui a su, par son travail, contribuer à rétablir en principe les qualités essentielles que le métal avait perdues momentanément dans son chauffage. Mais si le travail du soudage de l'acier est conduit par un ouvrier inexpérimenté, il est toujours douteux qu'on obtienne un bon tranchant, quels que soient le genre de l'outil et l'usage auquel on le destine; car l'acier ayant été dénaturé par un travail mal conduit, l'outil sera toujours défectueux.

Pour obvier à ce grave inconvénient, nous avons dû nous appliquer, par des expériences successives, à rechercher les moyens pratiques les plus propres à la régénération de l'acier; nous y sommes parvenu, croyons-nous, par l'emploi des matières consignées dans les formules ci-dessous.

Néanmoins il ne faut pas perdre de vue que si, par défaut d'attention, l'acier fondu ou tout autre acier fin a été chauffé à une température plus haute que le blanc-soudant naissant, on a nécessité une désagrégation des molécules; dans ce cas, aucune composition ne pourrait contribuer à rétablir ses qualités primitives, c'est-à-dire à le régénérer.

Première formule.

Savon noir mou	250 grammes.
Blanc de baleine	100 »
Gomme arabique pilée	150 »

On fait une pâte parfaitement mélangée que l'on manipule à froid.

Deuxième formule.

Huile de poisson.
Noir de fumée.

On fait un mélange avec ces deux matières jusqu'à ce qu'on ait obtenu une pâte très-consistante.

Troisième formule.

Eau de mer bouillante, ou, à défaut d'eau de mer, eau douce additionnée d'une forte dissolution de sel marin : l'on fait ensuite chauffer cette eau jusqu'à l'ébullition. Cette troisième formule convient pour les pièces en fer plutôt que pour celles en acier.

Quant au mode d'application de ces procédés à la régénération de l'acier brûlé, il consiste à chauffer le métal à la température de rose pour le plonger ensuite dans une des compositions précitées jusqu'au refroidissement complet de l'objet. Cette opération peut être répétée une deuxième fois dans le cas où le résultat obtenu par la première n'aurait pas été satisfaisant.

S'il y avait lieu de soumettre une pièce quelconque à deux refroidissements successifs dans une des compositions régénératrices employées, on aurait soin de faire suivre la première opération d'un forgeage subséquent.

Un jour, dans les expériences que je fis sur la régénération de l'acier fondu brûlé, je brûlai un burin avec intention, et je le trempai dans du carbonate de soude pur ; je l'aiguisai ensuite et, sans lui donner du recuit, je m'en servis pour buriner de l'acier ; je pus alors constater avec satisfaction, après une demi-heure de travail, que le tranchant n'avait éprouvé aucune altération. Je fis cette expérience avec de l'acier fondu français ; je ne sais, toutefois, si ce procédé conviendrait pour tous les aciers.

CINQUIÈME PARTIE

DE LA TREMPE DE L'ACIER A LA VOLÉE ET DES PRINCIPES A SUIVRE
POUR BIEN TREMPER.

DES EAUX PROPRES A LA TREMPE DE L'ACIER, ET DES COMPOSITIONS
DIVERSES POUR DONNER PLUS OU MOINS DE QUALITÉ AUX OBJETS.

TREMPE EN PAQUET

TREMPE A LA CHUTE D'EAU. — REDRESSAGE DE L'ACIER TREMPÉ.

I

DE LA TREMPE DE L'ACIER A LA VOLÉE ET DES PRINCIPES A SUIVRE POUR BIEN TREMPER.

On distingue trois sortes de trempes ayant chacune un nom particulier. La première est la trempe à la volée ; nous la classons la première, car c'est celle qu'on emploie le plus souvent ; la deuxième est la trempe en paquet, et la troisième est la trempe à la chute d'eau.

La trempe à la volée comporte trois opérations distinctes : la première est le chauffage, la deuxième l'immersion, et la troisième le recuit. Par la première opération, l'acier doit être porté à une température de rouge-rose, celle qui convient le mieux pour la trempe de l'acier qui ne durcirait que très-peu à une chaleur moins élevée. La deuxième, l'immersion, consiste à plonger l'acier rouge-rose dans un liquide quelconque, destiné à refroidir l'acier et à lui donner de la dureté ; la troisième, recuire l'acier trempé a pour but de diminuer sa fragilité en lui faisant subir de nouveau un degré de feu plus ou moins fort selon l'usage auquel on le destine. Si le recuit était poussé jusqu'à faire de nouveau rougir l'acier, il perdrait entièrement la dureté qu'il avait acquise à la trempe, il redeviendrait acier mou limable.

L'acier doit être trempé au degré qui convient à sa

nature, sauf à en augmenter la dureté par le liquide qui sert à la trempe.

Les degrés de chaleur les plus convenables pour la trempe de l'acier sont le rouge-cerise et le rose. La couleur cerise doit être observée rigoureusement pour les aciers fins ; pour les aciers plus communs on augmentera cette couleur en gagnant celle de rose ; toutefois, cette dernière teinte ne sera dépassée qu'à l'égard de pièces très-épaisses qui réclament une grande dureté jusqu'à leur centre.

La trempe à la volée s'effectue, a-t-on dit, en chauffant la pièce à une température de rouge-rose pour la plonger ensuite dans l'eau jusqu'à refroidissement complet : ensuite la partie trempée est blanchie à l'émeri ou avec du grès, pour la soumettre ensuite au contact des charbons incandescents ou sur un fer chauffé au blanc : c'est l'opération du recuit.

Toutefois pour certaines pièces telles que les burins d'ajusteur ou autres outils semblables, ils seront trempés et recuits de la même chauffée : pour cela, on chauffe un peu sur le derrière de la planche de l'outil à tremper dont la chaleur gagne le bout tranchant qui est refroidi dans l'eau, sur une longueur de 15 à 20 millimètres, alors que le bout ainsi trempé a acquis toute la dureté qu'il est possible de donner à l'outil par la trempe à la volée ; lorsque l'outil est retiré de l'eau, on frotte sur le bout trempé avec une pierre de grès pour mieux découvrir le recuit qui ne tarde pas à paraître par l'effet de la chaleur restée sur le derrière du bout trempé.

L'opération de la trempe devra autant que possible se faire dans une première chauffée ; car une pièce chauffée deux ou trois fois de suite sans avoir été soumise à un forgeage subséquent perdra de sa qualité. Nous savons en effet, que plus l'acier est chauffé plus il se dénature; c'est aussi pour cela que les pièces délicates qui subissent l'opération de la trempe doivent toujours autant qu possible être chauffées à feu clos.

On les place dans une caisse en tôle; on étend au fond de cette caisse un lit de poussier de charbon de bois, ou de la suie pilée ayant déjà servi aux trempes en paquet; les pièces sont recouvertes convenablement avec du même poussier, afin de les mettre à l'abri de l'air; on fait ensuite chauffer le tout; puis par un petit trou préalablement pratiqué au centre de cette caisse, on introduit une baguette en fer qui doit servir à faire connaître le degré de chaleur voulu.

Il ne faut pas perdre de vue que le grand jour est nuisible à la trempe. Un exemple va faire comprendre la justesse de cette recommandation : Peut-on sous les rayons du soleil déterminer exactement le degré de chaleur qu'il est opportun de donner à l'acier? La chose est de toute impossibilité. Il faut donc éviter le grand jour si l'on veut obtenir une réussite complète.

Il ne faut pas non plus tremper la nuit par suite du peu d'habitude que l'on a du travail à la forge dans l'obscurité ; on ne saurait alors apprécier exactement les degrés de chaleur, ni distinguer la couleur que prend le métal lorsqu'il est soumis au recuit : la nuit, le métal nous paraît toujours plus chaud qu'il n'est réellement.

On ne doit point non plus après avoir trempé et recuit une pièce, l'exposer à une température trop froide ni même aux courants d'air ; car bien que l'acier tempé ait résisté à l'impression de l'eau, une cassure pourrait se produire par une contraction trop subite du métal produite par le froid.

Dans le recuit de l'acier après la trempe, il faut que l'ouvrier sache bien apprécier le point qui convient au recuit en profitant des propriétés que présente l'acier dans cette opération. L'acier, on le sait, prend des teintes qui varient avec la température à laquelle il est exposé. Ces teintes se produisent par la formation d'anneaux colorés, et elles se manifestent dans l'ordre suivant. Si l'acier est exposé sur des charbons bien allumés, ou sur un morceau de fer chauffé au rouge-blanc, on verra alors le blanc de l'acier se ternir, pour devenir jaune paille, et de là passer à la couleur paille foncé. Peu à peu la chaleur augmentant, la couleur se foncera et passera au jaune d'or, deuxième nuance qui disparaîtra ensuite pour faire place à d'autres couleurs qui se produiront rapidement; ces couleurs sont : pourpre, gorge de pigeon et cuivre rouge. Ces trois couleurs sont si peu sensibles et elles se succèdent et se confondent s rapidement qu'on peut les comprendre sous la même dénomination. Observons toutefois que les teintes du recuit varient selon la qualité de l'acier. Enfin la troisième couleur précitée se fonce et prend la couleur de violet; celle-ci ne tarde pas à se changer en bleu foncé qui à son tour passe au bleu ciel ou gros bleu. Le bleu verdit et donne une nuance vert de mer, couleur d'eau.

Si l'acier est poussé à un degré de chaleur plus fort, il devient parfaitement mou. Les nuances de ces différentes couleurs appelées couleurs de recuit sont bien prononcées, très-apparentes et faciles à reconnaître dans le recuit après la trempe.

Il est facile de concevoir d'après ce qui vient d'être

dit que les premières teintes qui paraîtront seront celles qui annonceront la plus grande dureté de l'acier. A mesure que les nuances se succéderont, il deviendra de plus en plus mou. Ces nuances paraîtront toujours dans l'ordre précité sur tous les aciers que l'on voudra recuire. Elles reparaîtront aussi à plusieurs reprises, c'est-à-dire chaque fois qu'on fera subir à l'acier un nouveau degré de chaleur suffisant après l'avoir blanchi : on reconnaîtra cependant qu'il existe une différence entre l'acier trempé et le non trempé, car ce dernier ne donnera jamais des couleurs aussi apparentes que le premier.

De même qu'il prendra toujours un plus beau poli après la trempe bien qu'il ait été recuit, pourvu qu'on lui ait conservé une certaine dureté. En un mot plus l'acier est dur, mieux il prend le poli.

Si l'on voulait recuire des objets en acier aux couleurs de violet, de gros bleu, ou de bleu du ciel, et que l'on voulût conserver ces couleurs, il serait nécessaire de les bien polir avant de les tremper et de les repolir après la trempe pour enlever toutes les crasses et rendre à l'acier son poli blanc, afin d'obtenir des couleurs plus vives.

Nous venons de dire plus haut qu'il n'était pas nécessaire pour obtenir les teintes du recuit que les objets en acier eussent été trempés; en effet on les obtiendrait certainement sur des objets polis non trempés puisque, comme le justifie l'expérience, c'est à une plus ou moins grande quantité de calorique dans l'intérieur de l'acier qu'est due la production des teintes du recuit. Cette opération s'effectuera toujours d'après les mêmes principes qui ont déjà été décrits plus haut.

Ajoutons toutefois que pour certaines pièces délicates

dont on voudrait conserver les teintes du recuit, on exposera les pièces à recuire sur du fer chauffé au blanc, ou mieux dans du sable chaud, car si l'on disposait les pièces sur des charbons allumés dont quelques-uns le plus souvent ne sont pas assez brûlés, il en résulterait une fumée ou crasse qui adhérerait à la surface de l'acier et mepêcherait de le voir se colorer.

On pourrait enfin, pour des pièces de plus de valeur mais de faibles dimensions, obtenir plus de précision dans les couleurs en se servant pour cela d'alcool, qu'on allume, et à la flamme duquel on présente la pièce à colorer par les teintes du recuit, en la tournant en tous sens ; alors quelle que soit sa forme, elle prendra les teintes les plus variées.

Si l'on voulait ensuite enlever les teintes du recuit dans certaines parties d'une pièce, et lui rendre son premier poli, il faudrait recouvrir de cire ou de suif les parties auxquelles on voudrait conserver les teintes et plonger ensuite en entier la pièce dans de l'eau seconde de vitriol (acide sulfurique affaibli).

Pour arriver au but que l'on se propose d'atteindre, il faut mettre à peu près une partie de vitriol sur 20 parties d'eau.

Les parties non recouvertes et mises en contact avec l'acide reprendront ainsi l'éclat qu'elles avaient auparavant. Lorsqu'on aura retiré la pièce de l'eau seconde, on devra la tremper dans de l'eau pure et l'essuyer avec soin.

Couleurs sur lesquelles on doit arrêter le recuit de certaines pièces.

Bleu de ciel ou gros bleu, pour sabres, ressorts de sonnettes, ressorts de bandages et couteaux de table.

Violet ou gorge de pigeon pour couteaux de poche, jaune plein pour canifs.

Entre le jaune paille et le jaune pâle pour rasoirs.

A peine jaune pâle pour lancettes.

Entre pourpre et jaune d'or pour burins d'ajusteur. Bleu foncé pour forets et petites scies fines. Bleu de ciel tacheté de pourpre, pour haches, mèches à bois, fers à rabots, ciseaux de charpentier et de tourneur sur bois.

Il est bien entendu que ces diverses couleurs peuvent être plus ou moins observées, elles peuvent par conséquent être modifiées suivant la qualité des aciers employés pour la fabrication de tel ou tel objet.

DES EAUX PROPRES A LA TREMPE DE L'ACIER, ET DES COMPOSITIONS DIVERSES POUR DONNER PLUS OU MOINS DE QUALITÉ AUX OBJETS TREMPÉS.

Les ouvriers qui travaillent l'acier ont tous ordinairement des recettes ou des secrets pour la trempe de tel ou tel objet; mais l'eau à laquelle on adjoint différentes matières en est toujours la base.

Les naturalistes nous ont appris qu'il y a des eaux plus ou moins pures, et par conséquent, plus ou moins propres à la trempe : on distingue les eaux marneuses, les crues, les pesantes, celles de mer, les eaux minérales; etc. Parmi ces différentes qualités d'eau employées dans les opérations de la trempe, il y en a qui conviennent mieux les unes que les autres à ce genre de travail. Ainsi, celle qui passe dans la terre calcaire n'est pas propre à la trempe; elle est marneuse et ne donne que très peu de dureté à l'acier; il semble, tout d'abord qu'elle laisse les molécules du métal dans l'inaction lorsqu'il y est plongé quoique ayant une chaleur convenable pour le tremper; elle produit l'effet de l'eau savonneuse dans laquelle on voudrait tremper. Les mêmes inconvénients existent également pour les eaux épaisses et stagnantes; on doit donc employer de préférence les eaux qui filtrent à travers les rochers ; elles sont beaucoup plus limpides et, par ce fait, donnent une trempe plus précise.

Les eaux de pluie, ainsi que celle de neige, sont aussi employées très-avantageusement pour les trempes. Enfin les eaux minérales, ferrugineuses sont préférables à toutes les autres; elles renferment déjà par elles-mêmes des parties métalliques qui, certainement, ont quelque rapport avec celles de l'acier : il est reconnu que cette dernière eau rend l'acier moins cassant, elle donne lieu à un tranchant d'une supériorité indiscutable.

Disons aussi que l'eau dans laquelle on aura éteint préalablement des charbons de bois peut être employée très-avantageusement pour tremper ; nous en avons fait usage, et nous avons reconnu que les objets plongés dans cette eau étaient plus durs et possédaient un grain plus fin que ceux trempés dans l'eau ordinaire. Nous avons ajouté aussi à cette eau un peu d'acide sulfurique, et constaté sur-le-champ une amélioration assez sensible de dureté. Nous avons aussi fait des trempes dans l'eau où nous avions mis en dissolution de l'ammoniac et du borax en parties égales, soit environ 50 grammes pour deux litres d'eau, et nous avons obtenu, par ce procédé, une grande dureté.

Nous nous sommes livré aux mêmes expériences en nous servant de l'eau gommée dans laquelle nous avons trempé de petits ressorts à boudins.

Nous avons mis de 65 à 70 grammes environ de gomme arabique dans deux litres d'eau ; nous avons, par ce procédé, obtenu un parfait résultat.

Nous allons nous borner à exposer ici quelques recettes employées pour des trempes spéciales.

Première Recette.

On mélange une partie de suie de cheminée (suie grasse) avec une demi-partie de sel ammoniac, un quart de partie de sel marin décrépité. Le tout est réduit en poudre impalpable ; lorsque ces trois substances sont parfaitement broyées et mêlées, elles sont humectées légèrement avec de fort vinaigre de vin ; le tout bien mélangé jusqu'à ce que la composition forme un cément très-épais.

On chauffe l'outil à tremper couleur rose ; on plonge la partie chaude dans cette composition ; on répète cette opération deux fois et, en retirant l'objet à tremper de la composition, si l'on juge que son degré de température soit encore suffisant pour le plonger dans l'eau, on l'y plonge vivement.

On le reporterait au feu pour lui faire reprendre le rouge-rose si l'on jugeait le degré de température insuffisant puis on le plongerait dans l'eau, on ajoute quelquefois 1/20 d'acide sulfurique à l'eau dans laquelle on trempe les objets.

Cette trempe ne doit pas avoir de recuit, elle est recommandée pour les marteaux de rhabilleurs de meules de moulins.

Deuxième Recette.

Prendre une partie de corne de pied de vache séchée au four et mise en poudre ; y ajouter un quart de partie de sel marin, un dixième de partie de prussiate de potasse, une partie de tan (écorce de chène moulue), 1/2 partie de potasse rouge d'Amérique ; on ajoute à ce mélange deux parties environ de savon vert et 1/2 partie d'huile de pied de bœuf; on fait une pâte de ces substances qu'on manipule à froid.

On emploie cette composition de la même manière que la précédente, elle convient également aux marteaux de moulins ainsi qu'aux objets d'une grande dureté et qui ne doivent pas être recuits.

Troisième Recette.

Pour 6 litres d'eau on ajoute 30 grammes d'acide azotique, 30 grammes d'acide nitrique, 300 grammes de sel marin et 2 poignées de noir de fumée.

Ce mélange se fait ordinairement dans un vase en terre; on l'agite pendant une minute, pour que les matières se confondent l'une dans l'autre.

On fait chauffer l'objet à tremper au charbon de bois et à la température de rose; on le plonge dans le mélange indiqué, jusqu'à complet refroidissement comme pour une trempe ordinaire à la volée.

Cette composition donne aux pièces qui y sont trempées une grande dureté, ainsi qu'une bonne qualité; elle prévient en partie la voilure et la torsion, inconvénients qui, le plus souvent, occasionnent des défectuosités pour les pièces qui ont reçu leur fini et qu'il s'agit de redresser au marteau.

Les limes et les râpes sont le plus souvent trempées dans cette composition; mais elles doivent être chauffées en vase clos et entourées d'un cément pour garantir la fleur de la taille de l'action du feu et de l'air.

Ce cément se compose ordinairement de sel marin, de corne séchée et de suie, le tout bien pilé et dosé en proportion. Enfin, l'opération du chauffage des limes s'effectue comme pour le recuit, à l'abri de l'air; on les trempe en paquet, ainsi que nous aurons occasion de le dire plus tard.

C'est du reste dans les connaissances sérieuses du travail du fer et de l'acier, ainsi que dans l'intelligence de l'ouvrier que reposent les garanties du succès de la trempe pour tous les objets soumis à cette opération.

MANIÈRE DE TREMPER LES RESSORTS A BOUDINS, RESSORTS DE FUSILS ET DE BANDAGES, COUTEAUX, HACHES, ETC.

Les ressorts à boudins ou autres petits ressorts sont ordinairement trempés dans l'huile froide ou dans l'eau gommée.

Ces ressorts sont chauffés au charbon de bois à une température de rouge-cerise.

Si la trempe se fait dans l'huile froide, le recuit s'effectue à l'huile fumante; si au contraire elle a lieu dans de l'eau gommée, le recuit s'effectue alors à l'huile flambante.

On fait dissoudre pour arriver à ce résultat, de 35 à 40 grammes de gomme arabique dans un litre d'eau.

Mais pour certains objets auxquels on ne voudrait pas donner de recuit, l'eau gommée en proportion suffisante peut être employée avantageusement; dans ce cas, ces objets ne devront être chauffés qu'à une température convenable pour qu'ils aient la qualité exigée pour l'emploi auquel on les destine.

Pour les feuilles de ressort un peu longues, on aura soin de les chauffer bien uniformément à une température entre le rouge-cerise et le rose ; elles seront trempées dans de l'eau chaude à la température de 60 à 70° environ ; enfin, selon la qualité de l'acier qu'on emploiera, on devra élever plus ou moins la température de l'eau afin de donner les propriétés d'élasticité qui conviennent à la destination des ressorts.

Les ressorts ainsi trempés et qui auraient besoin de recuit seront imbibés d'huile et chauffés sur des charbons bien allumés, jusqu'à ce que l'huile soit prête à flamber.

Ils seront ensuite plongés dans l'eau pour arrêter le recuit. Les tarauds et les coussinets de filières doubles pennent être trempés de cette manière avec avantage.

Les couteaux, canifs et autres instruments tranchants peuvent être trempés dans l'eau chaude ou dans l'eau gommée.

Nous ajouterons que si l'on veut avoir des tranchants de bonne qualité, on ne doit point les limer avant de les tremper ; mais si pour certains tranchants cette opération était nécessaire, on aurait soin de limer la partie qui est destinée à former le tranchant à la lime douce, en conservant toujours une certaine épaisseur à la partie qui doit être tranchante ; car sans cela, il s'y formerait comme cela arrive souvent, des criques nombreuses ou bien le tranchant serait trop mou de trempe.

S'il s'agissait de tremper une hache ou tout autre instrument à peu près du même genre, et dont l'acier aurait été soudé en planche, on chaufferait la partie à tremper dans une forge bien allumée soit avec du coke, soit avec du charbon de bois ; on aurait soin surtout de garantir le bout tranchant d'une trop forte chaleur et de chauffer convenablement avant tout à la partie de l'arrière. Quand la planche acérée aura atteint le degré de température de rouger-rose, on trempera la hache à l'eau, la douille la première ; cette précaution a pour effet de refroidir le fer avant l'acier pour que sa contraction se fasse avant celle de l'acier, de telle sorte que l'acier puisse obéir au refroidissement du fer en se refoulant sur lui-même, avant qu'il soit froid ; si au contraire on trempait le tranchant le premier, l'acier opérerait son retrait avant le fer, pour reprendre son premier volume quand arriverait à tremper la partie du fer, qui à son tour, produisant son effet de contraction, forcerait l'acier à s'étendre, alors qu'il n'aurait plus de chaleur ; il en résulterait des criques et l'acier se voilerait considérablement.

La hache trempée, on tâtera avec une lime son degré de dureté ; s'il est nécessaire, elle sera soumise à un recuit. Pour cela, on blanchira le bout trempé, soit avec du sable ou du grès ; on placera ensuite sur des charbons bien allumés la partie à recuire, et on appréciera soit par les couleurs, soit en tâtant de nouveau avec une lime, le degré de dureté que prendra cette partie et l'on plongera l'outil dans l'eau afin d'arrêter le recuit juste au degré de dureté qui lui est propre.

S'il s'agit de tremper un couteau ou tout autre objet du même genre, devant être flexible comme un ressort, tout en conservant pour le tranchant une dureté qui lui permette de résister aux corps durs sans s'émousser ni s'égréner, il serait alors nécessaire d'employer pour le recuit de ces couteaux des moyens spéciaux que nous allons désigner ci-après.

Le feu de la forge doit être bien allumé avec du charbon de bois ou du coke ; on chauffe dans toute sa longueur la lame à tremper, à une température de rouge-cerise, en tenant le tranchant à moitié en l'air, afin de le ménager durant la chauffe ; la lame chaude est alors trempée dans l'eau ; il faut, en se servant du côté le plus épais de cette lame, couper l'eau avant de l'y plonger entièrement, en tirant à soi doucement ; car si cette opération se faisait trop brusquement, il se produirait derrière la lame un vide que l'eau ne pourrait combler à ce moment même ; il n'y aurait donc pas contact avec le liquide, et l'acier ne durcirait pas, ou du moins, durcirait très peu de ce côté-là.

On redresse ensuite la lame dans l'eau, la pointe en bas ; on fait, en même temps, un mouvement de torsion de droite à gauche et de gauche à droite, comme si l'on voulait percer un trou au fond du vase, et cela pendant que la pièce refroidit. Par ce procédé on prévient assez souvent la voilure ou la torsion dans la pièce que l'on veut tremper.

La lame du couteau après avoir été trempée, est récurée pour être recuite, opération qui consiste à placer le côté épais de cette lame sur un morceau de fer préalablement chauffé à une température de rouge-blanc, sinon, avant que ce côté épais fût suffisamment chauffé pour le recuit, le bord du tranchant serait déjà trop mou.

Quand, d'après les moyens indiqués, la lame du couteau aura été recuite au violet foncé, presque bleu, on la blanchira de nouveau, et l'on prendra, soit une carotte, soit une betterave dont les proportions seront relatives avec ladite lame ; la carotte sera fendue dans sa partie longitudinale et jusqu'à moitié épaisseur, on introduira le tranchant de la lame dans l'ouverture jusqu'à moitié largeur de la lame, *fig.* 98, *pl.* 22, on présentera ensuite à un feu bien allumé exempt surtout de charbon frais, le côté épais de la lame en lui imprimant un mouvement de va-et-vient rapide, et l'on chauffera avec vigueur, comme l'on ferait pour un morceau de fer au blanc.

Un moment après, le recuit paraîtra sur le côté de la lame qui peut même rougir sans que le tranchant renfermé dans la carotte ait subi la moindre altération. Quand le recuit du côté épais a pris une teinte de couleur d'eau, la lame émoulue offre alors l'élasticité et la dureté qu'on voulait obtenir.

A défaut de carotte, un autre procédé assez simple peut être mis en pratique. On disposera pour cela deux bandelettes de fer de 30 à 35 millimètres de largeur, sur 5 ou 6 millimètres d'épaisseur d'un côté, et 2 ou 3 millimètres de l'autre ; on leur donnera la même forme qu'à la lame qu'il s'agit de recuire, laquelle lame est placée entre les deux bandelettes de fer précitées, jusqu'à moitié de sa largeur, la partie mince vers le côté épais de la lame d'acier, on serre le tout avec une tenaille, *fig.* 99, *pl.* 22, observant que les mords de la tenaille ne débordent pas les bandelettes de fer.

On présente à un feu bien allumé le côté épais de la lame d'acier, et l'on opère pour le reste comme il a été dit pour la carotte ; cette opération donnera toujours de très-bons résultats si elle est conduite avec intelligence.

Si l'on devait recuire une filière d'armurier, pièce qui demande beaucoup d'attention (car les trous seuls ont besoin d'être durs, tandis que les autres parties doivent

être tendres), on remplirait les trous de la filière soit de
pommes de terre, soit de moelle de pied de chou, ou
toute autre matière semblable, et l'on placerait ensuite ladite filière sur un fer chauffé au rouge-blanc, ou sur
des charbons bien allumés. Dès qu'elle aura senti la chaleur, elle commencera à prendre une teinte jaunâtre
(couleur d'or); elle passera ensuite au violet foncé, et de
là au bleu clair, tandis que les trous seuls conservant
toujours leur couleur jaune, présenteront plus de dureté.

On recuit aussi au bois flambant; ce genre de recuit
est ordinairement employé pour les ressorts de voiture.
Les taillandiers s'en servent aussi pour quelques pièces
dont l'opération du recuit ne demande pas une grande
précision. L'ouvrier frotte simplement sur les angles de
l'outil, ou sur le plat du ressort qu'il veut recuire, avec
un morceau de bois tendre et sec; du peuplier par
exemple.

L'opération est terminée lorsque les menus copeaux
produits par le frottement se convertissent en charbons
lumineux.

On juge encore de la température du recuit et par conséquent de la dureté des objets à recuire, en suivant les
alternations qu'éprouve la couche de suif ou d'huile dont
on recouvre l'acier pendant qu'on le chauffe.

Pour obtenir les premiers recuits au jaune paille, on
doit s'arrêter juste au moment où le suif répand des fu-
mées blanches; pour le recuit au violet gorge de pigeon,
on attend que les vapeurs soient très-abondantes et co-
lorées, et pour le recuit au bleu il est urgent d'élever la
température jusqu'à ce que le suif soit sur le point de
s'enflammer.

Les grains-d'orge et les planes pour tourneurs sur métaux, doivent être trempés bruts de forge, c'est-à-dire sans biseaux faits à la lime, la planche seule doit être limée et adoucie, parce qu'elle ne peut être émoulue commodément.

On chauffe au rouge-clair la partie du bout jusqu'au talon du repos, on la plongera dans l'eau sans autres précautions ; on l'affûtera ensuite pour en faire usage, ainsi trempée.

Les burins d'ajusteurs pour être bons et durables devront être trempés également bruts de forge, c'est-à-dire qu'ils ne doivent pas être limés en biseaux tels qu'ils doivent l'être lorsqu'on veut s'en servir.

III

TREMPE EN PAQUET.

But de la trempe. — La trempe en paquet a pour but
de donner une cémentation au fer. Voilà pourquoi on
trempe les pièces d'armes et certaines pièces de machines appelées à un travail de force ou soumises à un
frottement constant.

Comme on ne peut obtenir du fer par l'effet d'une
trempe ordinaire les propriétés qu'on obtient de l'acier,
on le recouvre d'une couche d'acier dit acier de cémentation. Grâce à ces transformations, le fer, sans rien
perdre de sa solidité, acquiert encore celle de dureté.
Quoi qu'il en soit, l'on doit toujours employer de bon fer
pour les pièces qui doivent être trempées en paquet ; le
fer corroyé convient mieux que tout autre.

Composition du cément. — Le cément propre à faire
les trempes en paquet n'est autre chose que de la suie
grasse ou suie de bois telle qu'elle sort de la cheminée, et
dont la préparation consiste à la réduire en poudre, tamisée ensuite afin d'en expurger les pierres qui pourraient
y être restées ; on y ajoute quelquefois un peu de sel
marin, dont la propriété est de faire dépouiller les objets
à tremper.

Néanmoins, tous les corps riches en carbone sont
propres à faire des trempes en paquet : ainsi le charbon

de bois dur, réduit en poudre impalpable donne un cément propre à la trempe en paquet.

On peut aussi se servir du cuir des vieux souliers que l'on fait rôtir à l'abri du contact de l'air pour qu'il ne perde pas son carbone et que l'on réduit ensuite en poudre.

On peut aussi employer de la corne de sabots de chevaux ; cette corne doit être chauffée dans un four de façon à ne pas la carboniser, mais seulement pour la sécher ou mieux la rôtir, afin qu'elle se pulvérise facilement, ou puisse être tamisée ensuite en poudre très-fine.

La corne doit être rôtie comme le cuir afin qu'elle ne perde pas son carbone ni l'action de sa substance animale, propriété que la carbonisation lui enlèverait entièrement. Elle doit donc être rôtie de manière qu'elle ne soit que rousse après avoir été tamisée.

Comme cément, la suie bien tamisée peut être employée à tous égards, et sans autre préparation, plus avantageusement que le charbon de bois pour les trempes en paquet, bien que certains trempeurs aient l'habitude d'humecter la suie ou les autres céments avec de l'urine et diverses autres matières qui sont absolument insignifiantes quand elles ne sont pas nuisibles. En effet, l'humidité que l'on peut donner au cément est plutôt défectueuse que nécessaire, en ce sens que l'évaporation qui se produit pendant la chaufferie du paquet a pour effet d'agglomérer le cément en une espèce de masse compacte qui le fait rétrécir et s'éloigner du fer ; d'où il résulte que le cément ne peut produire son effet par suite de son éloignement du fer qui doit lui donner de la chaleur ; il y a par conséquent perte et évaporation de carbone.

Préparation des caisses pour la trempe en paquet.
— Les caisses servant aux trempes en paquet sont le
plus ordinairement en tôle de 4 ou 5 millimètres d'épaisseur. On doit les confectionner suivant que les pièces
qu'elles doivent recevoir sont de plus ou moins grandes
dimensions; elles doivent avoir par un bout seulement
un trou rond d'un centimètre de diamètre environ, placé
bien au centre de la hauteur et de la largeur, de façon
que la sonde (éprouvette) qu'on y place se trouve dans
le prolongement de la longueur de la caisse.

Les caisses sont ensuite enduites extérieurement
avec un mortier de terre d'argile mélangée avec du crottin
de cheval pour former liaison et pour que la terre soumise à l'action du feu opère le moins de retrait possible.

La préparation de cette terre se fait dans les proportions suivantes :

Pour six ou sept pelletées d'argile on ajoute une ou
deux pelletées de sable et deux pelletées de crottin. On
mélange le tout bien battu, en y mettant de l'eau jusqu'à
ce qu'on ait obtenu un mortier un peu liquide que l'on
emploie au moyen d'une brosse à longs poils passée en
frisant, sur tout l'extérieur. Ajoutons toutefois, qu'une
couche trop épaisse de cette terre n'adhérerait qu'imparfaitement à la tôle ; elle se détacherait en formant des
écailles et laisserait le fer à nu qui se détériorerait rapidement à l'action violente du feu.

Indépendamment de l'enveloppe extérieure dont on
aura garni la caisse, les angles intérieurs doivent être
lutés avec des cylindres formés de la même terre, mais
plus épaisse de préparation et formant une pâte assez
consistante pour prendre à volonté les différentes formes
que l'on juge convenables.

On formera avec cette terre huit petits cylindres ayant la longueur, la largeur et la hauteur de la caisse ; on les mettra dans chaque angle, en dedans, pour fermer les joints qui, quoique bien rivés, ont besoin de ce lut ; on pressera le cylindre dans l'angle en tirant l'argile sur les parois de la tôle de façon à ce qu'il vienne à rien, et qu'il forme un congé dans chaque angle.

Disposition des pièces dans la caisse. — Cette opération se fait de la manière suivante : On place d'abord dans le fond de la caisse une couche de cément d'environ 2 centimètres d'épaisseur ; on y met les plus fortes pièces de celles qui doivent y entrer ; on recouvre de cément les parties les plus saillantes en élévation ; on dispose ensuite entre ces grosses pièces, afin d'utiliser les vides, un deuxième lit de plus petites pièces, mais de façon à ce qu'elles ne se touchent jamais ni les unes ni les autres. Quand la caisse est à demi pleine, on y place l'éprouvette (sonde) en la passant dans le trou qui lui est destiné dans le bout de la caisse et dont il a été parlé plus haut. On continuera de remplir ainsi la caisse, moins 5 centimètres environ qui serviront à contenir la dernière couche de cément qui doit recouvrir les pièces. Un couvercle en tôle dont le dessus a été enduit de terre d'argile est placé sur la caisse, et fixé le plus ordinairement avec des fils de fer.

Disposition du four et mise au feu du paquet. — La chaufferie des caisses pour les trempes en paquet se fait quelquefois dans des fours spéciaux dont nous nous abstiendrons de donner les détails, nous bornant à dire que ces fours ont à peu près les mêmes formes que ceux destinés à la fabrication de l'acier de cémentation.

Nous allons improviser dans la cour ou dans l'atelier

un foyer, *fig.* 100, *pl.* 22, dans lequel l'opération se fera
tout aussi facilement qu'avec le concours d'un four à cémentation. Ce foyer disparaîtra après l'opération de la
trempe, et sera refait quand on en aura besoin.

Il va sans dire que nous condamnons ce procédé peu
pratique pour un établissement où la trempe en paquet
deviendrait une spécialité journalière.

Deux chevalets sont placés à une distance correspon-
dante à la longueur du paquet ; on forme une grille, au
moyen de six ou huit barreaux dont les bouts reposent
sur les chevalets ; la caisse ou paquet est placée sur cette
grille, on élève tout autour un mur au moyen de briques ou pierres réfractaires ayant une largeur et une
longueur un peu supérieures à l'espace que le paquet
doit occuper, c'est-à-dire qu'il doit y avoir 8 à 10 centimètres de distance qui seront occupés par le combustible.

De plus, le mur excédera un peu la hauteur des bords
de la caisse afin de l'entourer en tous sens pour que le
combustible ne déverse pas en dehors ; des soupiraux
seront laissés d'après la disposition des briques et au
bas du cendrier afin de faciliter la combustion du charbon.

Le mur achevé, on allumera le foyer avec des brous-
sailles et du charbon de bois de manière à ce que l'air
y trouve un passage suffisant pour activer la combustion
du charbon de bois ou du coke ; si le centre du foyer pre-
nait trop d'intensité, on boucherait les soupiraux du cendrier avec du fraisil de forge afin d'obstruer momentanément le passage de l'air.

On rechargera le foyer de charbon au fur et à mesure
qu'il descendra de lui-même. On fera subir de huit à neuf

heures de feu, selon que les pièces à cémenter seront plus ou moins fortes. Peu à peu le cément pénétrera dans le fer, se combinera avec lui pour former une couche d'acier qui augmentera d'épaisseur à mesure que l'opération se prolongera.

La cémentation est arrêtée lorsqu'on suppose que la couche d'acier est suffisante. Dans tous les cas, la sonde dont il a déjà été question est retirée à des intervalles calculés de façon à constater le degré de chaleur des pièces renfermées dans la caisse et qui doivent avoir une couleur rose ; une température plus élevée serait défectueuse.

On enlève alors le couvercle de la caisse, et l'on ôte une à une, au moyen de tenailles, les pièces qui ont la température voulue, pour les plonger dans l'eau froide.

Recuit et redressage des pièces trempées en paquet. — Il convient quelquefois de rendre moins fragiles certaines parties des pièces qui ont été trempées en paquet dans toutes leurs parties. Cette opération se pratique ordinairement pour les petites pièces dans le plomb fondu ; quant aux pièces de fortes dimensions qui se seront déjetées par la trempe, elles doivent être chauffées à une température de 100° environ pour être redressées. Nous reviendrons plus tard sur ce sujet.

Fer cémenté au prussiate. — Quoique cette opération se rapporte à la trempe à la volée, nous en donnerons néanmoins un rapide aperçu dans ce chapitre.

La plupart du temps, on ne peut disposer, pour la trempe, que d'une seule pièce en fer ; il est alors matériellement impossible de faire la *trempe en paquet,* qui tire sa dénomination de la réunion de plusieurs pièces groupées dans une caisse.

Comme la trempe dite en paquet deviendrait trop

coûteuse dans les petits ateliers, il s'ensuit que lorsqu'on doit y cémenter une seule pièce, pour la tremper
on use d'un procédé qui tend au même but tout en
amoindrissant les dépenses. On pratique tout simplement
la trempe au prussiate, c'est-à-dire que l'on fait rougir
ladite pièce dans le feu de la forge ; puis on la saupoudre
de prussiate qui, en contact avec le fer rouge, se décom-
pose, de sorte que le carbone qu'il contient se combine
avec le fer et en acière la surface.

On remet au feu pour faire reprendre à la pièce la
température qu'elle aura perdue pendant qu'on l'a sau-
poudrée et, dès qu'elle aura de nouveau atteint le degré
de chaleur voulu (couleur rose), on la retire du feu pour
la plonger brusquement dans l'eau froide.

I V

TREMPE A LA CHUTE D'EAU.

La trempe à la chute d'eau ne diffère de celle en paquet, que par la manière employée pour refroidir l'acier
chaud pour le tremper ; car, bien que dans ce genre de
chaufferie, les pièces que nous aurons à tremper à la
chute d'eau ne soient pas chauffées en paquet, elles n'en
sont pas moins chauffées à l'abri de toute oxydation et
mises en contact d'un cément de suie qui tend au même
but que l'opération de la trempe en paquet. Nous savons
déjà que s'il s'agissait d'opérer sur une seule pièce, la
trempe en paquet deviendrait certainement trop dispen-
dieuse ; aussi emploie-t-on un procédé moins coûteux
que nous allons indiquer.

Disons d'abord que les pièces telles que bigornes d'éta-
blis, tas, emporte-pièces, matrices, etc., sont trempées
à la chute d'eau.

On recouvre la partie de la pièce qui doit être trempée,
d'une couche de suie grasse légèrement carbonisée,
dans laquelle on adjoint 1/3 de charbon de bois pilé et
tamisé ainsi que la suie, après quoi on mélange bien le
tout.

On enveloppe ensuite la pièce, dans toutes ses parties,
d'une autre couche formée de terre d'argile employée
pour garnir les angles intérieurs de la caisse servant

aux trempes en paquet. Cette enveloppe a pour effet d'a-
briter de l'oxydation de l'air et du feu la pièce à tremper ;
on donne à cette enveloppe une épaisseur de 10 à 15 millimètres. Dès que la pièce est complètement recouverte,
on la soumet à une chaleur graduée pour la faire sécher
lentement, avant de la livrer au feu où sa chaufferie
doit avoir lieu. Cette précaution a pour but d'empêcher
la terre de se fendre, ce qui donnerait accès à l'air qui
pénétrerait alors sur le métal, et le graverait, inconvénient qu'il faut éviter avec soin dans l'exécution de ce
travail.

Le chauffage de la pièce à tremper se fait dans une
forge où l'on a préalablement établi, devant la tuyère,
une sorte de petit four au moyen de briques réfractaires.

On place au milieu de ce four la pièce à tremper, qui
est entièrement recouverte de charbon de bois ; la combustion est activée de temps en temps, s'il y a lieu, au
moyen du conduit qui amène l'air nécessaire à la chaufferie. On chauffe ainsi pendant 4 ou 5 heures, à une
température modérée : (la pratique fera juger plus facilement du temps nécessaire à cette opération, qui dépend
toujours du volume de l'objet à chauffer); la pièce chaude
doit être retirée du feu avec précaution ; on en détache
la terre qui lui sert d'enveloppe, en ayant soin de ne
point mutiler ladite pièce qui est ensuite placée sur un
petit grillage disposé sous un jet d'eau adapté à un grand
tonneau, *fig.* 101, *pl.* 23.

Le jet d'eau (tuyau) adapté perpendiculairement sous
le fond de ce tonneau est ouvert, et l'eau arrive avec une
très-forte pression sur la pièce chaude qui subit un refroidissement beaucoup plus prompt que par la trempe
par immersion directe, qui ne peut enlever la chaleur

avec une rapidité suffisante, par suite de la formation de la vapeur sur les côtés du métal qui s'oppose toujours au libre accès de l'eau.

La pièce ainsi trempée est soumise à un recuit pour en diminuer la dureté ; toutefois avant de procéder à cette opération, il faut blanchir à l'émeri et au moyen d'une *curette* la partie trempée. On place ensuite la partie opposée à celle précitée soit sur un fer chauffé au rouge-blanc, soit sur des charbons incandescents, ou encore dans du sable mis dans une caisse de tôle placée sur un feu de forge pendant l'opération du recuit que l'on arrête à la couleur jaune-paille, ou bleu-clair, selon la qualité d'acier employé ; on n'oubliera pas que, selon que l'acier est plus ou moins fin, il demande une dureté plus ou moins grande, car nous savons que les aciers varient singulièrement et peuvent aisément donner le change à l'ouvrier.

La trempe à la chute d'eau peut être pratiquée toutes les fois que l'on a de grosses pièces à tremper : comme les enclumes, les grosses étampes, ou toute autre pièce volumineuse ; ces pièces sont toujours recouvertes d'une couche de suie ; elles seront chauffées dans des caisses appropriées à leurs dimensions ; en un mot, l'opération s'effectuera comme pour la trempe en paquet.

Ajoutons toutefois, que l'immersion de ces dernières pièces s'exécutera différemment que pour les précédentes : les enclumes, bigornes, et tas de chaudronniers doivent être descendus à l'eau, la table la dernière, jusqu'à ce qu'ils ne soient qu'à quelques centimètres au-dessous du niveau de la masse d'eau ; on fera alors tomber un jet puissant d'eau bien au centre de la table, lequel jet a pour effet de renouveler continuellement l'eau et d'accélérer le refroidissement du milieu; sans cette précaution, les bords seuls prendraient la trempe.

Les bouchardes de tailleurs de pierre sont aussi trempées à la chute d'eau.

A cet effet, on chauffe la partie à tremper dans une forge à main et au charbon de bois; quand cette partie a atteint le degré de rouge-cerise, on la plonge dans une composition formée d'une partie de nitrate de potasse mitigée par une partie égale de gomme arabique, placée dans une petite boîte en tôle dont l'intérieur n'excède que de très-peu la section des bouchardes; (il faudra toujours se garantir les yeux quand on plongera la partie chaude de la boucharde dans la composition de nitrate de potasse); la partie chaude de la boucharde ayant été refroidie dans la composition précitée, on la remet au feu pour la reporter de nouveau au rouge-cerise; puis l'on soumet cette partie chaude à un refroidissement brusque, comme pour les emporte-pièces.

A défaut des apparaux indiqués plus haut, pour la trempe de la boucharde, l'opération peut se faire avec des arrosoirs.

On blanchit ensuite à l'émeri la partie trempée, avant de la recuire; cette dernière opération (du recuit) se fait en plaçant la boucharde dans une large entaille pratiquée sur un petit fourneau en tôle allumé avec du charbon de bois, *fig.* 102, *pl.* 23.

On arrêtera le recuit au jaune-paille ou au violet suivant la qualité de l'acier employé pour ces outils, et cela en refroidissant la partie trempée dans de l'eau fortement gommée.

REDRESSAGE DE L'ACIER TREMPÉ.

L'opération la plus délicate qu'a à subir l'acier trempé à quelque emploi qu'on le destine, est, sans contredit, l'opération du redressage.

Une pièce en acier, suivant sa forme, se courbe ou se voile plus ou moins après la trempe. Cette pièce par suite de ces défectuosités ne peut plus alors être employée sans être redressée.

Pour redresser un objet en acier, après la trempe, on se sert d'un marteau qui a la forme d'un croissant à deux biseaux très-obtus, *fig.* 103, *pl.* 24, dont l'un est formé dans le sens de la longueur du manche, et l'autre dans le sens contraire.

Le poids du marteau doit être proportionné au volume des objets à redresser, sans quoi l'on obtiendrait un effet contraire. Ainsi, par exemple, un ressort sur lequel on agirait avec un marteau trop fort, reviendrait sur lui-même au lieu de se renverser, comme il convient.

La chose s'explique facilement : chaque coup de marteau semble traverser l'acier qui se refoule sur le tas ; il s'évase alors en dessous plus que du côté où il reçoit le choc du marteau, et l'effet produit devient, par ce seul fait, contraire à celui qu'on en attendait ; tandis qu'en employant un marteau proportionné au volume de l'objet soumis au redressage, l'acier se renverse toujours sur lui même et la pièce pourra alors reprendre ses formes primitives.

L'opération du redressage de l'acier après la trempe, ne peut avoir lieu qu'à la suite du recuit de la pièce, et pendant qu'elle est encore chaude.

L'objet à redresser est posé à plat sur un *tas*, sur une *châsse* à parer ou sur une enclume, *fig.* 104, 105 et 106, *pl.* 24. Ces outils doivent avoir leur surface bien dressée à la lime, et parfaitement trempée afin qu'elle ne se mutile point. On frappe ensuite avec le marteau dont il est question ci-dessus, dans la partie concave de la pièce. La largeur de la panne du marteau qui agit sur le métal, doit être diamétralement opposée à la largeur de l'objet à redresser.

Chaque coup de marteau s'enfonce dans le métal, en écarte les parties et force l'objet à reprendre une autre forme tout en se redressant.

En général, on trouve bien peu d'aciers qu'on emploie sans recuit, après la trempe. Les objets de bijouterie sont les seuls qu'on laisse sans recuit pour mieux les polir; il en est de même de certains outils tranchants qui ont besoin d'une grande dureté.

On peut user des mêmes moyens pour le redressage de la fonte. Toutefois, si l'on avait à opérer sur une plaque en fonte d'une grande surface, et d'une épaisseur qui permette de résister aux chocs d'un marteau ordinaire, il ne serait pas nécessaire alors de faire usage du *tas* dont il a été question plus haut. Il suffirait seulement d'appuyer la partie convexe de la pièce à redresser, sur un madrier, pour que les deux extrémités de la plaque fussent tout à fait isolées d'un point d'appui quelconque.

On redresse aussi les limes qui se sont déjetées par la trempe, non pas par la méthode que nous venons d'indiquer plus haut, mais en leur donnant un degré de chaleur tempérée, de manière qu'on puisse les tenir à la main. On chauffe à la même température deux plaques de cuivre auxquelles on adjoint la lime à redresser, puis on serre le tout graduellement sous une forte presse ou dans un étau, jusqu'à refroidissement complet.

Avec ces procédés nous avons redressé des lames de sabre ; nous en avons redressé aussi en serrant dans un étau deux morceaux de bois, formant fourche, de 5 à 6 centimètres d'ouverture, et en forçant en sens opposé de la courbure, tirant d'un bout à l'autre pour redresser.

SIXIÈME PARTIE.

RÉCROUISSAGE DES MÉTAUX.
DE LA DILATATION DES CORPS PAR LA CHALEUR.
POIDS DES FERS RONDS ET CARRÉS PAR MÈTRE DE LONGUEUR.
POUDRES A POLIR L'ACIER.
PESANTEUR SPÉCIFIQUE DES CORPS.

I

DU RÉCROUISSAGE DES MÉTAUX.

On entend par récrouissage, ou récrouir, marteler à
froid un corps métallique quelconque. Cette opération
fait acquérir au métal de la dureté, de l'élasticité et de la
raideur, et le rend plus dense.

Tous les métaux sont susceptibles du récrouissage;
cependant ceux qui le prennent le plus sont l'acier et le
fer; cette opération rend principalement ces deux métaux plus cassants et plus raides.

L'opération du récrouissage se pratique ordinairement
pour faire des ressorts et des paillettes qui ne sont pas
en acier, car on en fait en cuivre et en fer : veut-on par
exemple faire un ressort à boudin en fer; on forge une
lame très-mince, on la lime ensuite en la tirant de long
afin qu'elle soit bien égale d'épaisseur, elle est alors
battue à l'eau sur une partie bien plane de l'enclume;
elle acquiert par ce moyen beaucoup d'élasticité; on la
tourne ensuite sur une broche et l'on a ainsi un ressort
parfait, bien que n'étant pas trempé. Pour les ressorts
en cuivre il en serait de même. Les ressorts en spirale
peuvent s'obtenir avec du fil de laiton ou du fil de fer
non recuit.

Il arrive dans le travail du récrouissage, qu'il se forme
des cassures aux bords des métaux, cassures qui devien-

nent nuisibles aux objets à confectionner et les rendent défectueux ; ces cassures ou fendillures doivent être enlevées dès qu'elles commencent à paraître ; car si, négligeant ce soin, l'on continue l'opération du récrouit, elles tendent à s'étendre jusqu'au centre de la pièce soumise à ce genre de travail.

Cependant ces cassures formées aux bords des métaux par le récrouissage ne constituent pas toujours un défaut qu'il faille attribuer à la nature du métal ; car bien que ses parties centrales et moléculaires soient d'une homogénéité parfaite, l'inhabileté professionnelle produit souvent ces défauts.

La résistance ou raideur que présentent les métaux après cette opération provient du rapprochement des molécules par la percussion du marteau ; mais il arrive, dans ce travail, qu'un objet qui aura été récroui inégalement dans tous les sens présentera des parties plus tendues les unes que les autres, ce qui produira des espèces de tiraillements ; c'est-à-dire que les parties les plus faibles cèdent aux plus fortes, d'où il résulte des déchirements sur les bords, qui tendent à se propager vers le centre ; il s'ensuit qu'une discordance produite par le martelage inégal, forme des voilures ou torsions suivant que la pièce est plus ou moins large.

La pièce prendra alors la forme d'une hélice. On dit que la pièce est voilée.

Nous voyons d'après ces divers inconvénients que le travail du récrouissage demande non seulement une grande habitude et beaucoup d'adresse de la part des ouvriers, mais encore qu'il faut pour conduire ce travail à bonne fin, employer un outillage approprié à cette opération, tel qu'un *tas*, et un marteau dont les faces soient parfaitement dressées, tout en présentant une convexité très-peu sensible, afin d'éviter les coups d'angles.

Il ne suffit pas, pour bien récrouir une pièce, de la marteler rapidement, plus ou moins longtemps ou plus ou moins fort; car alors la pièce s'échauffe par la percussion du marteau à tel point que le récrouit disparaît presque entièrement par l'échauffement; il faut donc récrouir avec ménagement.

Il est bon de remarquer qu'il n'est pas utile de soumettre un métal quelconque au martelage pour le récrouir. Le laminoir et la filière à étirer le fil de fer et le laiton produisent le même effet que le martelage; si après avoir récroui un objet au marteau, on le blanchit à la lime ou à la meule, on enlève par cette nouvelle opération le récrouit, et le métal perd ainsi son élasticité.

En outre, si la pièce a été récrouie au laminoir, elle conservera encore une partie de son élasticité bien qu'elle ait été soumise à l'opération du blanchi à la meule ou à la lime.

DE LA DILATATION DES CORPS PAR LA CHALEUR.

Tous les métaux soumis à l'action de la chaleur augmentent progressivement de volume ; ils se contractent au contraire par le refroidissement.

Certains corps produisent au contraire un résultat tout opposé ; ainsi le bois en s'échauffant se dessèche, ses parties poreuses se rapprochent successivement par suite de la disparition de l'humidité qui les imprégnait ; il en résulte alors une diminution de volume dans tous les sens ; il en est de même des terres à poterie qui éprouvent une contraction par l'effet de la cuisson.

Les métaux et en général les corps solides se dilatent moins que les liquides et surtout beaucoup moins que les gaz. Certaines substances dissoutes dans l'eau peuvent élever considérablement la température de l'ébullition.

Si pour les métaux on ne considère que l'accroissement en longueur, on trouve que chauffé à la température de 100° le fer s'allonge d'environ 2 millimètres par mètre, le cuivre et le laiton d'environ 2 millimètres et demi, l'étain 3 millimètres, le zinc 4 millimètres.

Ces diverses variations de longueur se produisent à chaque instant d'une manière plus ou moins sensible aux plus légers changements de température ; de sorte qu'en réalité les molécules des corps sont constamment dans un état d'agitation, tantôt se rapprochant tantôt s'éloignant les unes des autres.

Ces effets de la dilatation ne sont pas toujours nuisibles. On en tire au contraire un parti très-avantageux dans les arts. Ainsi, le charron pour serrer les jantes de ses roues, a soin de profiter des propriétés de dilatation et de contraction en garnissant la circonférence des roues d'un cercle en fer chauffé à la température de rouge-sombre qui, en refroidissant, presse fortement les jantes les unes contre les autres.

Ce moyen est également employé pour le cerclage des roues de wagons.

D'après des expériences faites sur la dilatation des fers ductiles que nous avons chauffés à des degrés correspondant aux diverses couleurs bien connues des ouvriers, les résultats obtenus ont été les suivants :

Au rouge-sombre 700°, le fer s'est allongé de 10 à 12 millimètres par mètre.

Au rouge-cerise 1000°, il s'est allongé de 14 à 16 millimètres.

Au rouge-blanc 1300°, il s'est allongé de 18 à 20 millimètres.

Au blanc-soudant 1400°, à 1500° de 21 à 22 millimètres.

Nous croyons devoir ajouter qu'à partir du rouge-blanc au blanc-soudant, la dilatation a été tellement peu sensible, que pour certains fers elle est même restée stationnaire à 20 millimètres.

Ces expériences ont été faites sur des fers laminés et sur des fers corroyés et martelés ; nous avons, pour certains fers laminés, obtenu plus de dilatation que pour certains autres martelés, de même que pour certains fers martelés l'allongement a été plus sensible que pour les fers laminés.

Les mêmes expériences ont été faites sur l'acier et l'effet de dilatation obtenue pour ce métal a été à quelque chose près le même que pour le fer; il y a eu toutefois une augmentation peu sensible d'accroissement.

III

TABLEAU DU POIDS DES FERS RONDS ET CARRÉS
PAR MÈTRE DE LONGUEUR.

FERS RONDS.						FERS CARRÉS.					
DIAMÈT.	POIDS.	DIAMÈT.	POIDS.	DIAMÈT.	POIDS.	CÔTÉ.	POIDS.	CÔTÉ.	POIDS.	CÔTÉ.	POIDS.
Mill.	Kil.	Mill.	Kil.	Mill.	Kil.	Mill.	Kil.	Mill.	Kil.	Mill.	Kil.
»	»	41	10.286	81	40.147	1	0.008	41	13.092	81	51.097
2	0.024	42	10.794	82	41.144	2	0.031	42	13.738	82	52.367
3	0.055	43	11.314	83	42.154	3	0.070	43	14.400	83	53.632
4	0.098	44	11.846	84	43.176	4	0.125	44	15.078	84	54.952
5	0.158	45	12.391	85	44.210	5	0.195	45	15.771	85	56.205
6	0.220	46	12.948	86	45.256	6	0.280	46	16.479	86	57.600
7	0.300	47	13.517	87	46.315	7	0.382	47	17.204	87	58.947
8	0.392	48	14.098	88	47.386	8	0.498	48	17.944	88	60.310
9	0.496	49	14.692	89	48.469	9	0.631	49	18.699	89	61.689
10	0.612	50	15.296	90	49.563	10	0.779	50	19.470	90	63.088
11	0.740	51	15.916	91	50.271	11	0.942	51	20.257	91	64.456
12	0.881	52	16.546	92	51.791	12	1.121	52	21.059	92	65.918
13	1.034	53	17.188	93	52.923	13	1.316	53	21.876	93	67.358
14	1.199	54	17.843	94	54.607	14	1.526	54	22.710	94	68.815
15	1.377	55	18.510	95	55.224	15	1.752	55	23.559	95	70.287
16	1.566	56	19.189	96	56.393	16	1.994	56	24.423	96	71.774
17	1.768	57	19.881	97	57.574	17	2.251	57	25.303	97	73.262
18	1.983	58	20.584	98	58.644	18	2.523	58	26.199	98	74.776
19	2.209	59	21.300	99	59.970	19	2.811	59	27.110	99	76.330
20	2.448	60	22.028	100	61.190	20	3.115	60	28.036	100	77.880
21	2.698	61	22.769	101	62.366	21	3.435	61	28.979	101	79.445
22	2.962	62	23.521	102	63.605	22	3.769	62	29.937	102	81.026
23	3.237	63	24.286	103	64.865	23	4.120	63	30.911	103	82.623
24	3.525	64	25.063	104	66.114	24	4.486	64	31.900	104	84.235
25	3.824	65	25.853	105	67.402	25	4.868	65	32.884	105	85.863
26	4.136	66	26.654	106	68.690	26	5.265	66	33.925	106	87.506
27	4.461	67	27.468	107	69.994	27	5.677	67	34.960	107	89.164
28	4.797	68	28.294	108	71.308	28	6.106	68	36.012	108	90.839
29	5.146	69	29.133	109	72.630	29	6.550	69	37.079	109	92.529
30	5.507	70	29.983	110	73.975	30	7.009	70	38.161	110	94.235
31	5.880	71	30.846	111	75.325	31	7.484	71	39.259	111	95.955
32	6.266	72	31.721	112	76.688	32	7.975	72	40.373	112	97.692
33	6.664	73	32.548	113	78.064	33	8.481	73	41.502	113	99.444
34	7.074	74	33.508	114	79.452	34	9.003	74	42.647	114	101.212
35	7.496	75	34.119	115	80.852	35	9.540	75	43.806	115	102.996
36	7.930	76	35.343	116	82.264	36	10.093	76	44.983	116	104.794
37	8.377	77	36.288	117	83.688	37	10.662	77	46.176	117	106.609
38	8.836	78	37.228	118	85.125	38	11.246	78	47.382	118	108.440
39	9.307	79	38.189	119	86.574	39	11.806	79	48.605	119	110.285
40	9.790	80	39.162	120	87.035	40	12.461	80	49.843	120	112.147

POUDRE A POLIR L'ACIER.

On peut aisément se procurer de la poudre propre au polissage de l'acier en ramassant de l'oxyde de fer communément appelé rouille. La préparation de cette poudre se borne à la mettre dans un creuset que l'on soumet à l'action du feu durant deux ou trois heures. Si cet oxyde avait été ramassé dans un endroit humide, il faudrait avoir soin de le faire sécher à l'air, avant de le soumettre au feu.

Lorsqu'il est cuit, on le broie et on le lave de la manière suivante : on se munit de plusieurs vases assez profonds que l'on place l'un à côté de l'autre ; on met la rouille préparée dans le premier, on la délaie avec de l'eau propre, on remplit le vase, et, après avoir bien remué le tout avec un morceau de bois, on laisse déposer une minute ; puis on décante doucement dans un autre vase. On laisse déposer de nouveau. Ce deuxième transvasement est laissé tranquille une minute encore et l'on décante de nouveau dans un nouveau vase.

Cette opération de lavage, de décantage et de chauffage est répétée plusieurs fois. On parvient ainsi à obtenir une poudre très-propre au polissage de l'acier.

On peut aussi obtenir de cet oxyde en mettant, soit de la limaille, soit des morceaux de fer dans un vase en terre dont le fond offrirait une surface plane. On verserait de l'eau dessus, juste la quantité nécessaire pour recouvrir la limaille, et l'on exposerait ensuite le vase à l'air. Au bout de quelques jours, dès que l'on verrait se former une certaine couche d'oxyde, on laverait le tout en continuant d'opérer pour le reste comme il vient d'être dit plus haut.

On emploie aussi la potée d'étain ; cette poudre est un mélange d'oxydes de plomb et d'étain obtenu en calcinant un alliage de ces deux métaux qui est en proportions variables ; ainsi pour trois parties de plomb on ajoute une partie et demie ou deux environ d'étain.

Les deux métaux sont mis dans une cuillère en fer, ou mieux dans un petit creuset que l'on place sur un feu de forge ; l'alliage ne tarde pas à entrer en fusion, on continue néanmoins à élever la température jusqu'à ce que l'alliage ait acquis le degré de rouge-blanc ; à cette température il se convertit rapidement en oxyde. L'oxydation étant terminée, on broie la potée, et sa finesse s'obtient par lévigation.

Enfin, la pierre ponce, la sanguine, le tripoli réduits en poudre impalpable, sont aussi des matières employées très-avantageusement pour polir l'acier. Le polissage se fait par frictions réitérées au moyen d'une peau de chamois imbibée d'huile et d'une des poudres indiquées ci-dessus. On peut se servir, pour commencer le travail, d'une poudre un peu grossière pour terminer avec une poudre impalpable. Le dernier poli se donne au moyen de frictions faites avec du rouge anglais surfin.

PESANTEURS SPÉCIFIQUES DES SOLIDES.

Les pesanteurs spécifiques suivantes expriment en kilogrammes le poids d'un décimètre cube des substances indiquées.

Mercure à 0°	13,60	Pierre ponce		0,91
Plomb fondu	11,35	Chaux vive		0,80
Or forgé	19,36	Albâtre		2,70
Or fondu	19,26	Plâtre fin		1,23
Platine	21,53	Houille		1,32
Platine laminé	22,06	Glace		0,93
Antimoine	6,72	Cire		0,97
Maillechort	7,18	Résine		1,07
Argent fondu	10,47	Sel commun		1,92
— forgé	10,51	Verre blanc (environ)		2,50
— monnayé de France	10,41	Verre commun (environ)		2,55
Cuivre en fil	8,88	Bois vert de chêne ordinaire		1,14
— rouge fondu	8,79	Bois sec de chêne		0,86
— jaune	8,40	— de hêtre		0,85
Bronze d'artillerie	8,70	— de frêne		0,84
Bronze écroui	8,80	— d'orme blanc		0,60
Acier non écroui trempé	7,81	— d'orme rouge		0,70
— — non trempé	7,83	— de pommier		9,73
Fer en barre	7,79	— sec d'acacia faux		0,79
Fonte blanche	7,50	— de grenadier		1,35
Fonte grise	7,20	— de gaïac		1,33
Fonte noire	7,26	Bois de cerisier		0,72
Etain écroui	7,31	— de charme		0,76
Etain fondu	7,29	— de cyprès		0,61
Zinc fondu	6,86	— de sapin jaune		0,66
Zinc laminé	7,19	— de pin		0,55
Soufre fondu	1,99	— de tilleul		0,60
Soufre natif	2,03	— d'ébène		1,33
Salpêtre	2,09	— de buis de France		0,91
Terre commune	1,45	— de néflier		0,94
Sable humide	1,85	— sec de noyer		0,60
Argile	1,93	— de châtaigner		0,59
Argile mêlée de tuf	1,95	— d'aulne		0,53
Charbon de bois	0,33	— de peuplier ordinaire		0,38
Marbre	2,83	— de peuplier d'Espagne		0,52
Pierre à bâtir	2,62	— de liége		0,24
Granit	2,70	— d'olivier		0,92

LIQUIDES.

Alcool	0,79	Vins (moyenne)	0,93
Alcool de commerce	0,84	Huile d'olive	0,9
Acide sulfurique	1,84	Huile de lin	0,94
Acide nitrique	1,22	Huile de pavots	0,93
Eau de mer	1,03	Huile essentlle de térébenthine	0,87
Eau distillée	1,00	Ether sulfurique	0,71

FIN.

TABLE DES MATIÈRES.

QUATRIÈME PARTIE.

CINQUIÈME PARTIE.

SIXIÈME PARTIE.

FIN DE LA TABLE DES MATIÈRES.

IMPRIMERIE GÉNÉRALE DE CHATILLON-SUR-SEINE — KAN E ROBERT

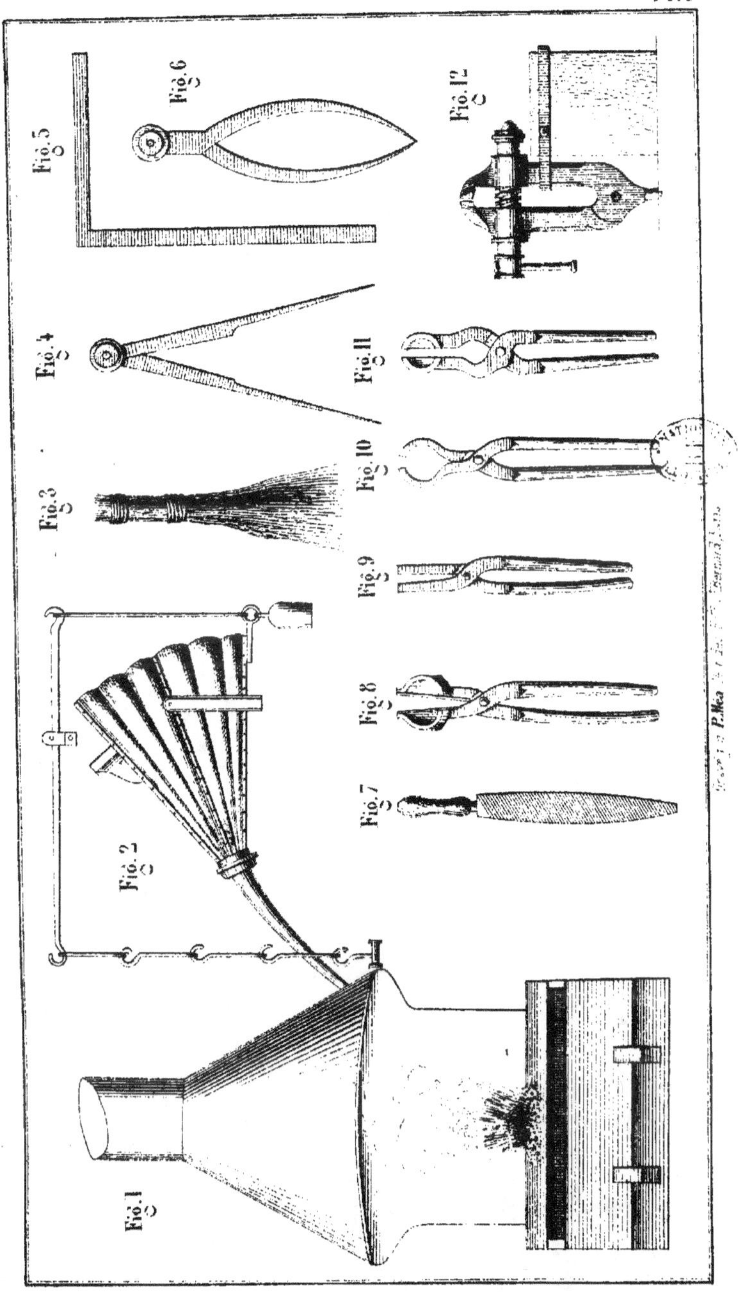

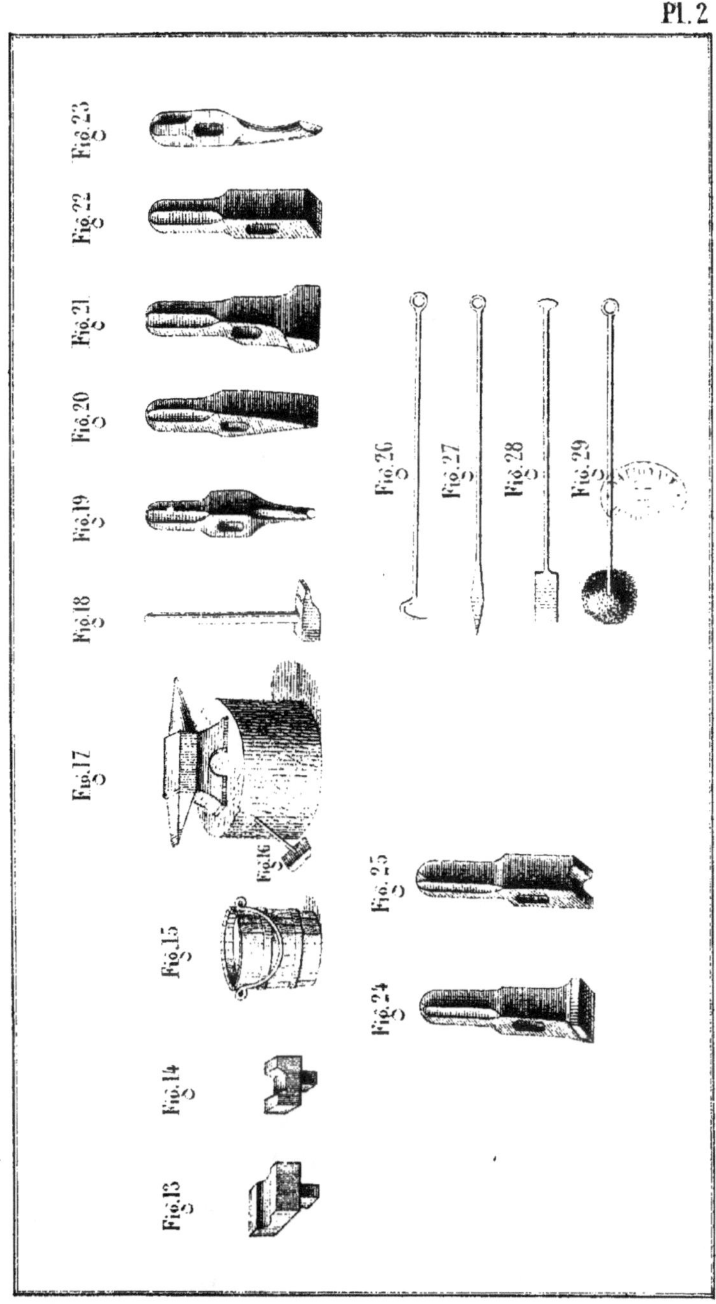

Fig.13
Fig.14
Fig.15
Fig.16
Fig.17
Fig.18
Fig.19
Fig.20
Fig.21
Fig.22
Fig.23
Fig.24
Fig.25
Fig.26
Fig.27
Fig.28
Fig.29

Fig. 30
Fig. 31
Pl. 3

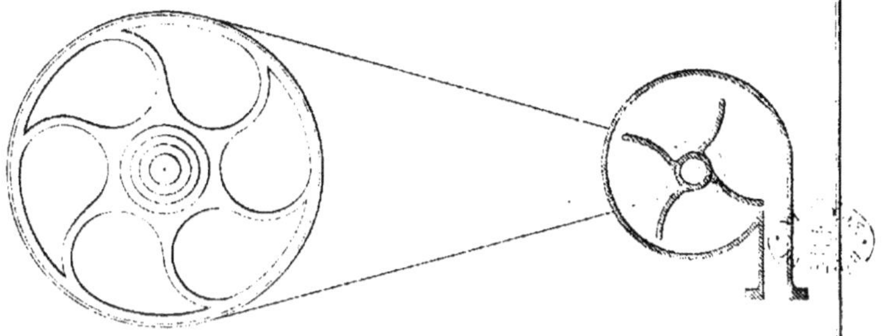

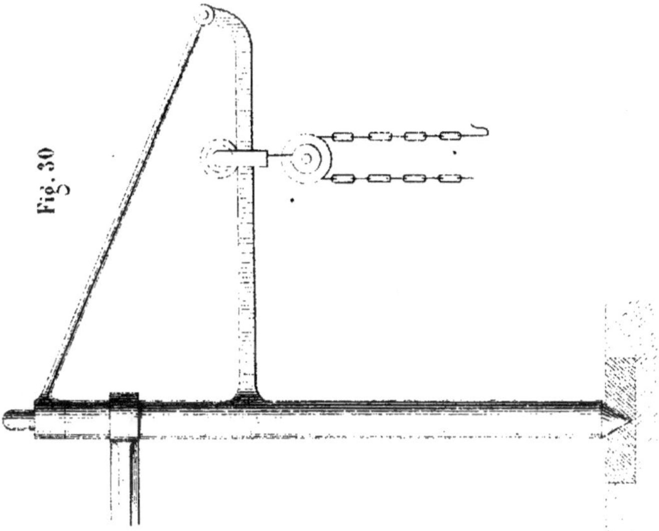

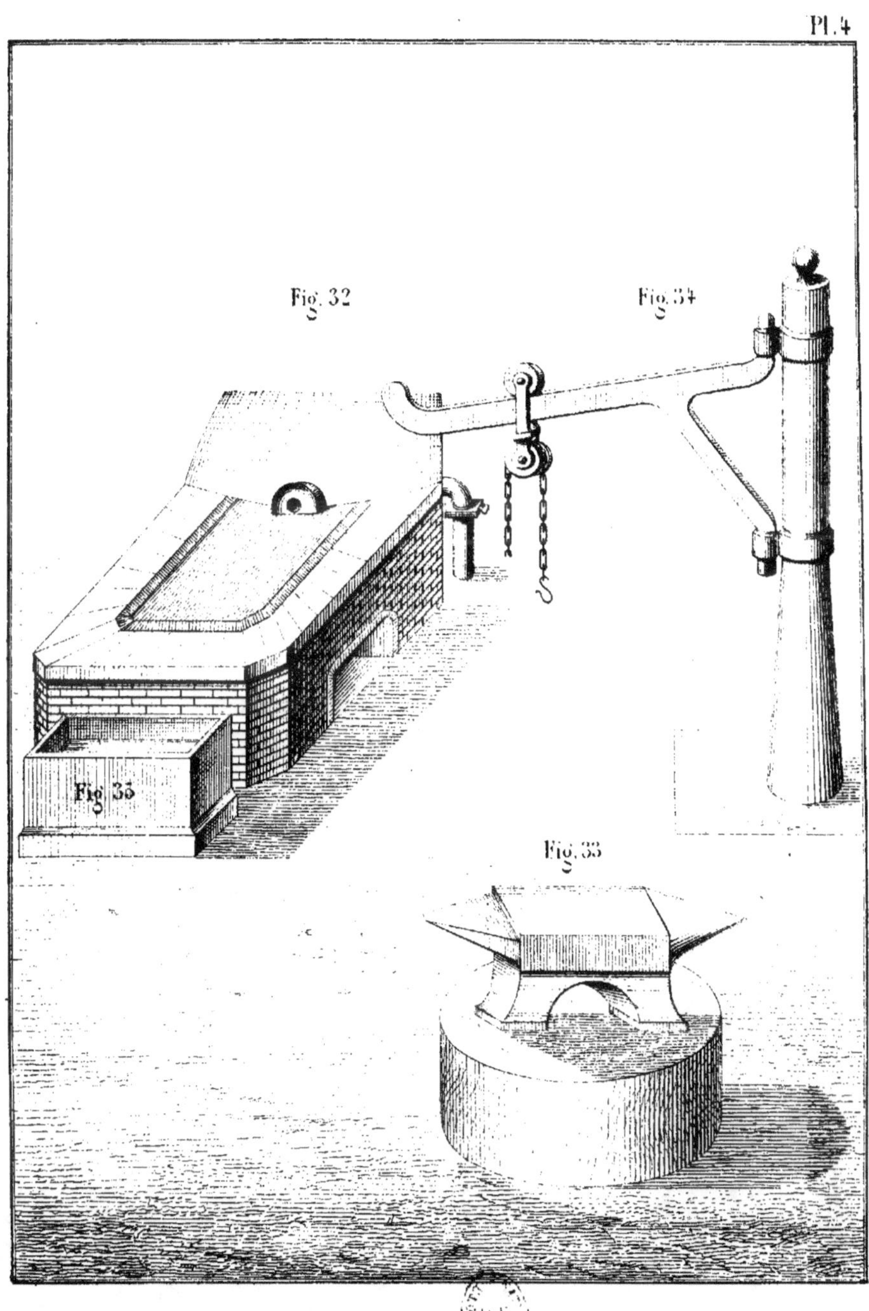

Fig. 32
Fig. 34
Fig. 35
Fig. 33

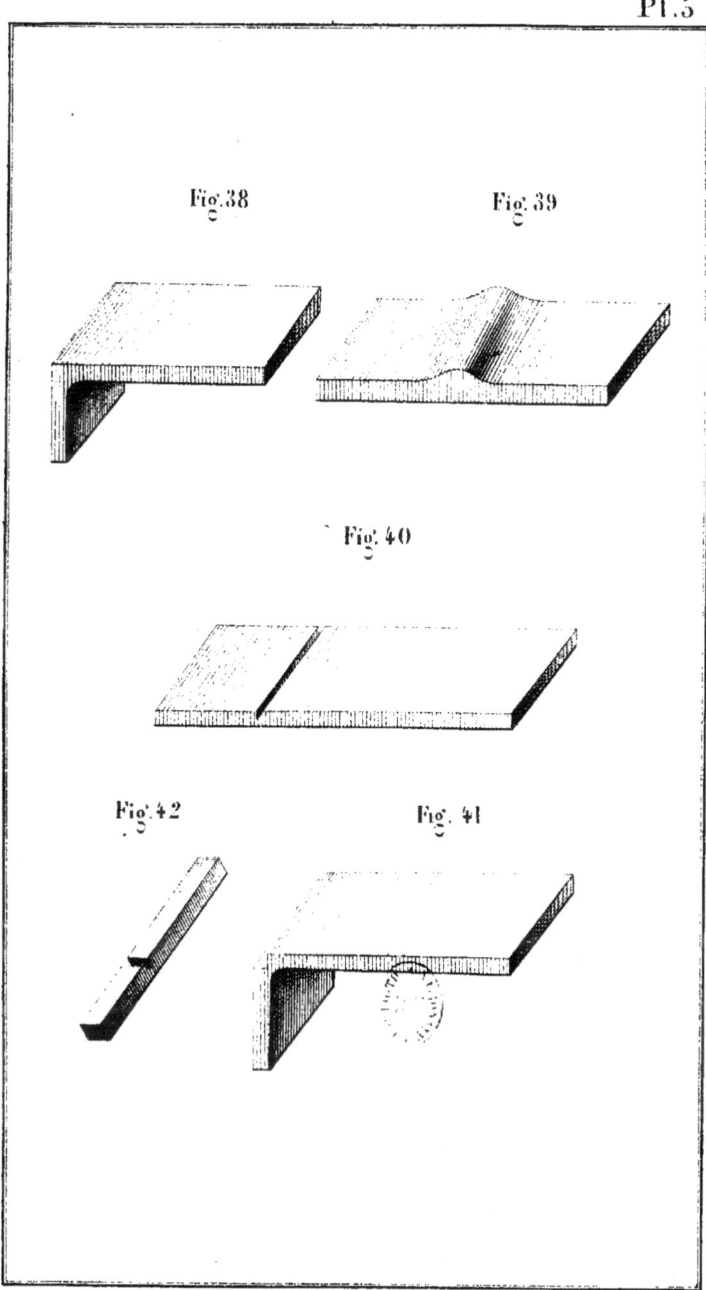

Fig. 38

Fig. 39

Fig. 40

Fig. 42

Fig. 41

Fig. 43

Fig. 44

Fig. 45

Fig. 46

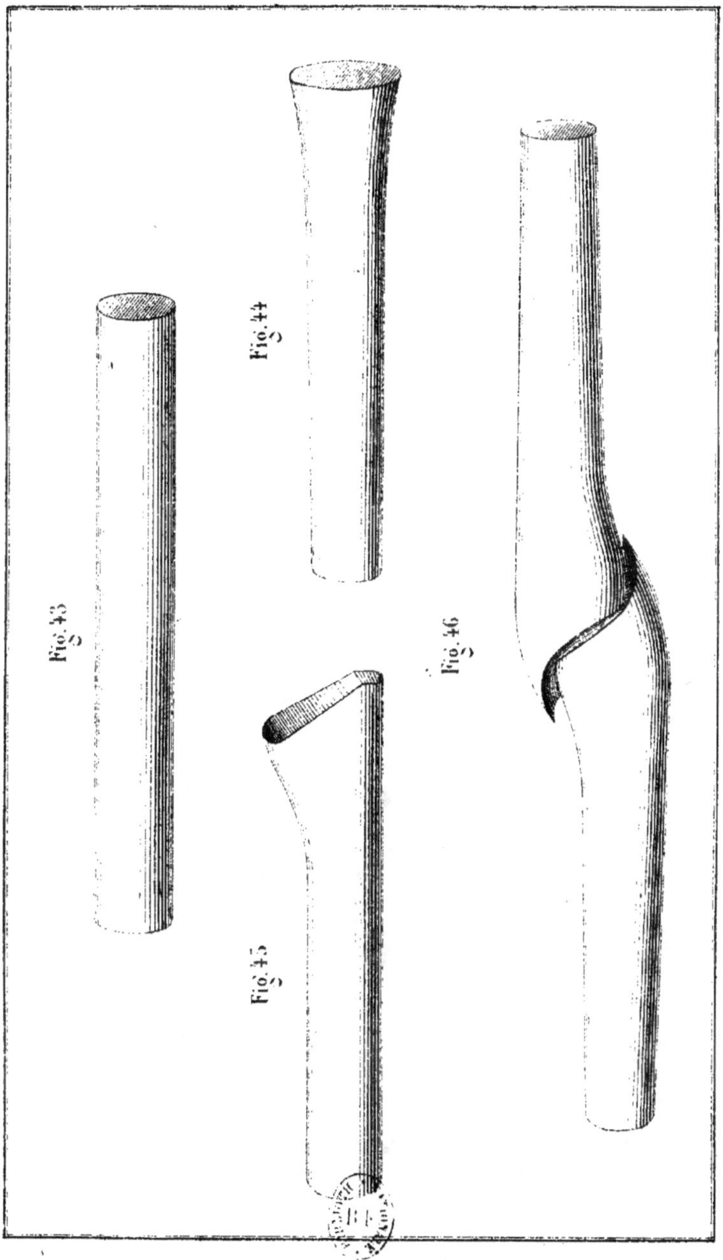

Fig. 47

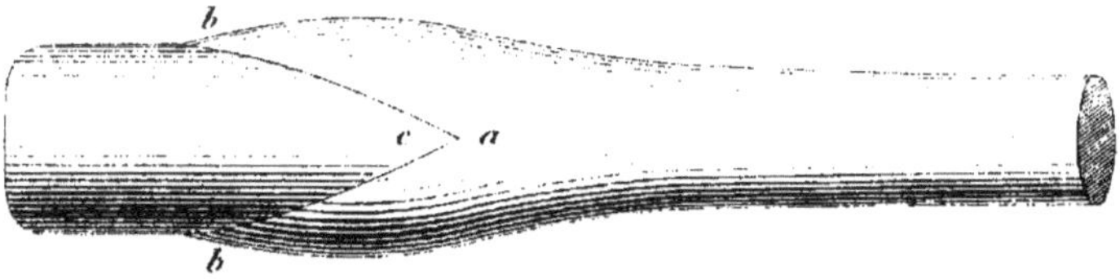

Fig. 50

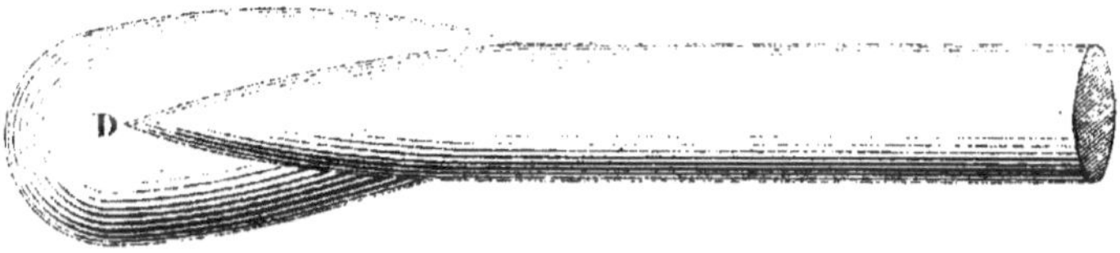

Fig. 48

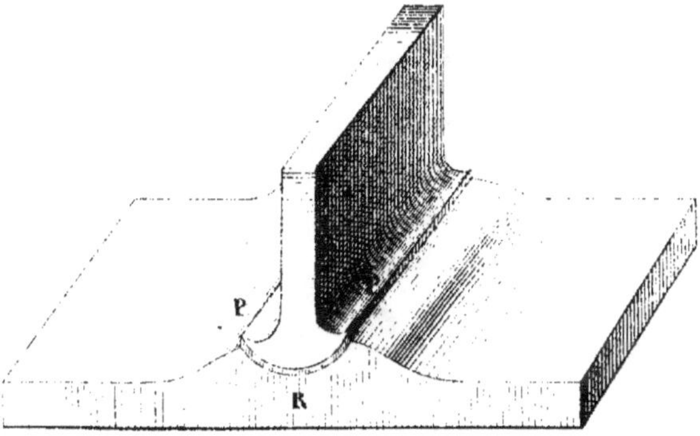

Fig. 49

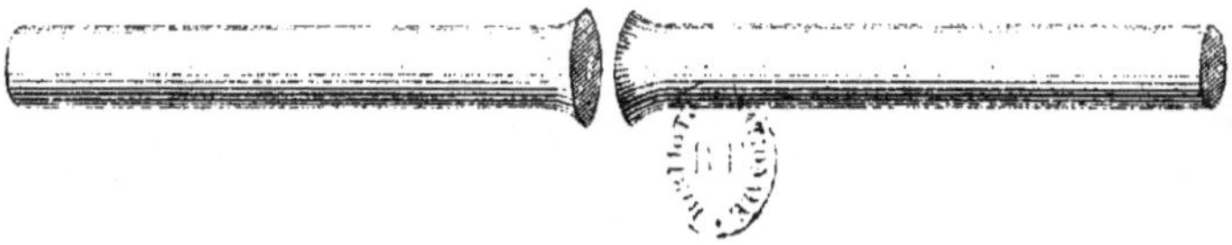

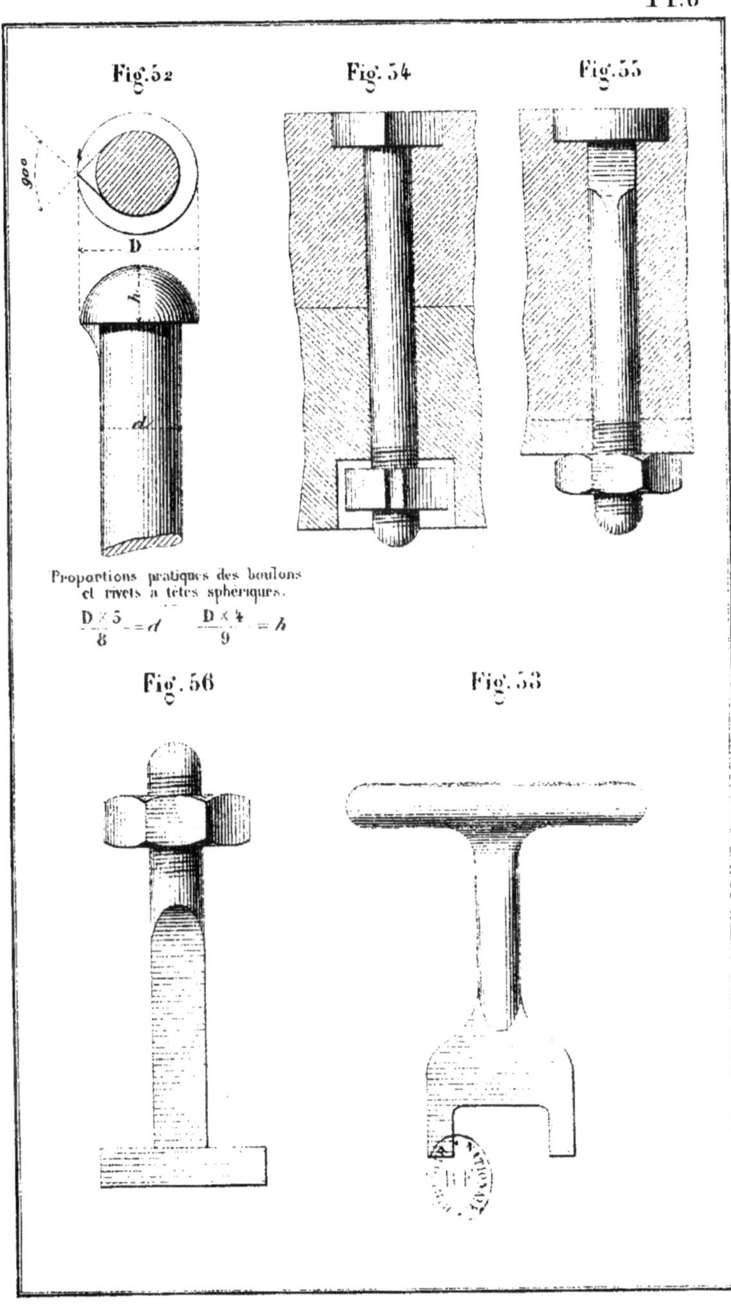

$$\frac{D \times 5}{8} = d \qquad \frac{D \times 4}{9} = h$$

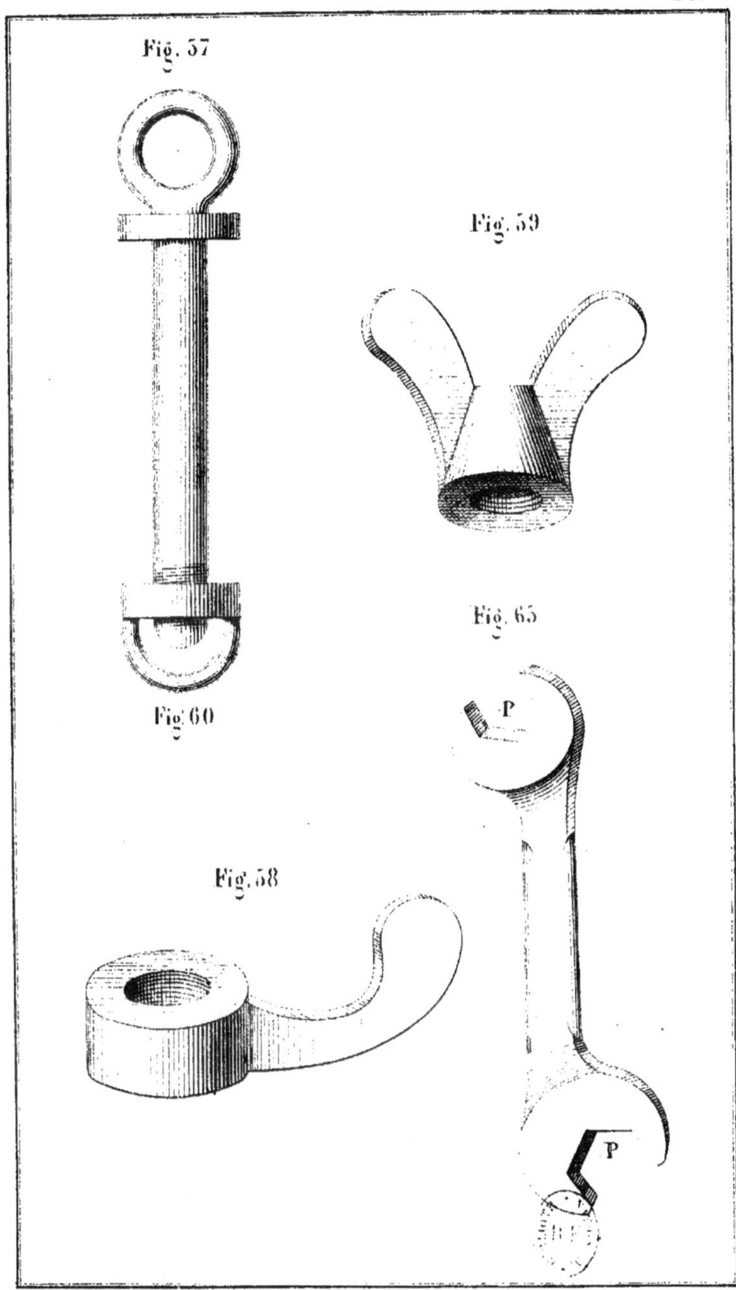

Fig. 57

Fig. 59

Fig. 60

Fig. 65

Fig. 58

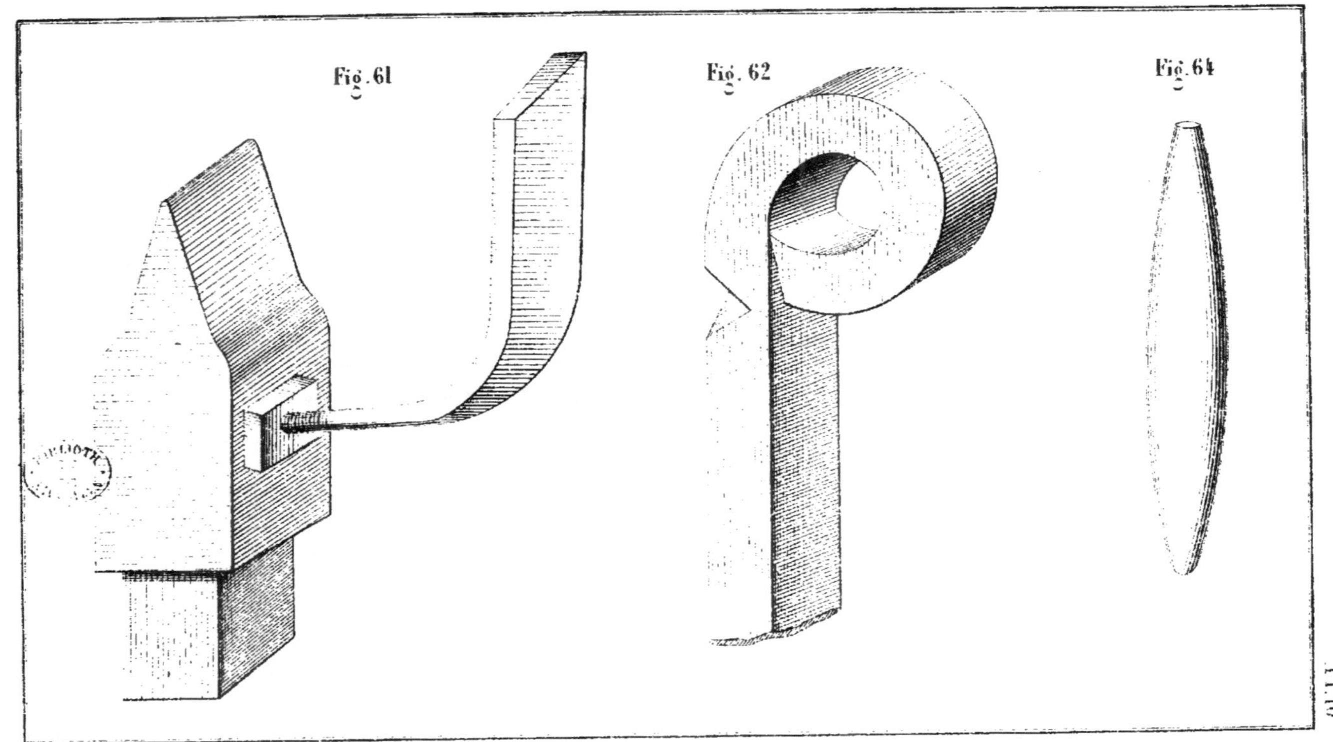

Fig. 61
Fig. 62
Fig. 64
Pl. 10

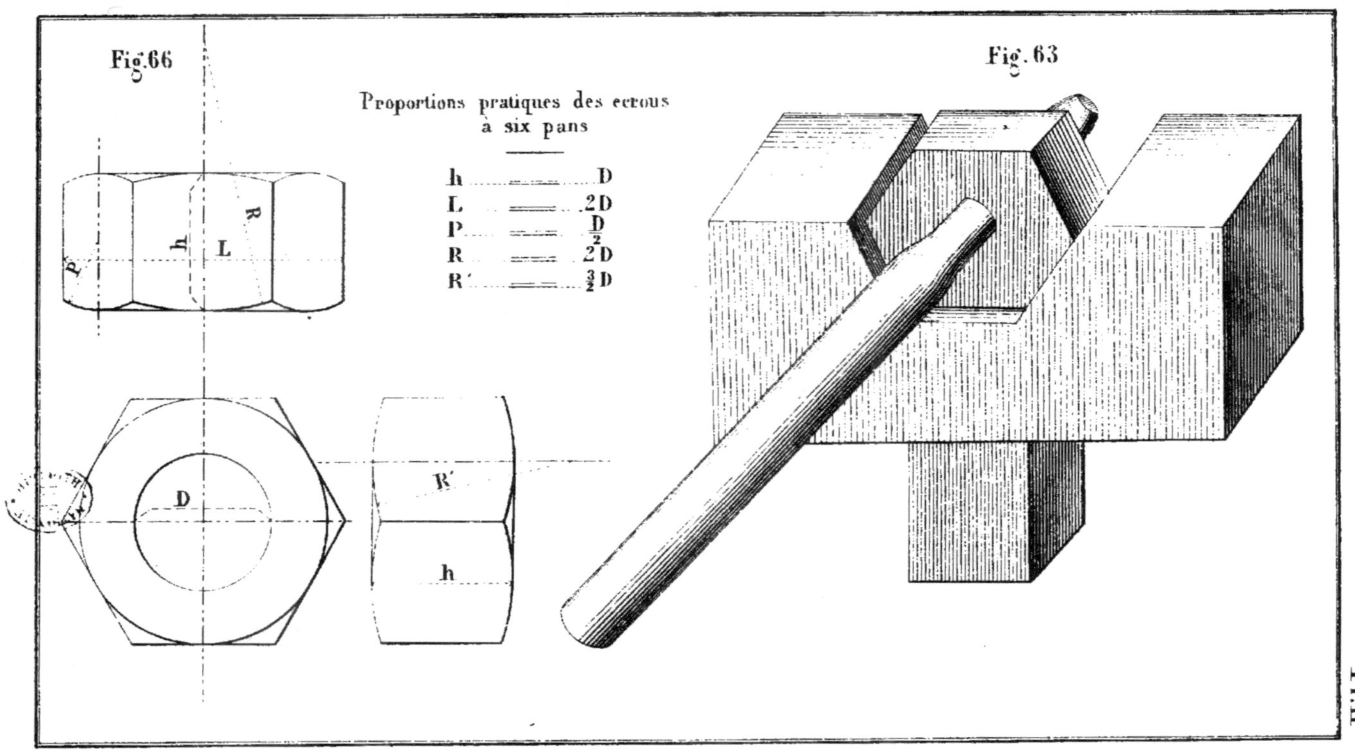

Fig. 66
Fig. 63
Proportions pratiques des écrous
à six pans
h .... D
L 2D
P D/2
R 2D
R' .... 3/2 D
R
h
L
P
D
R'
h

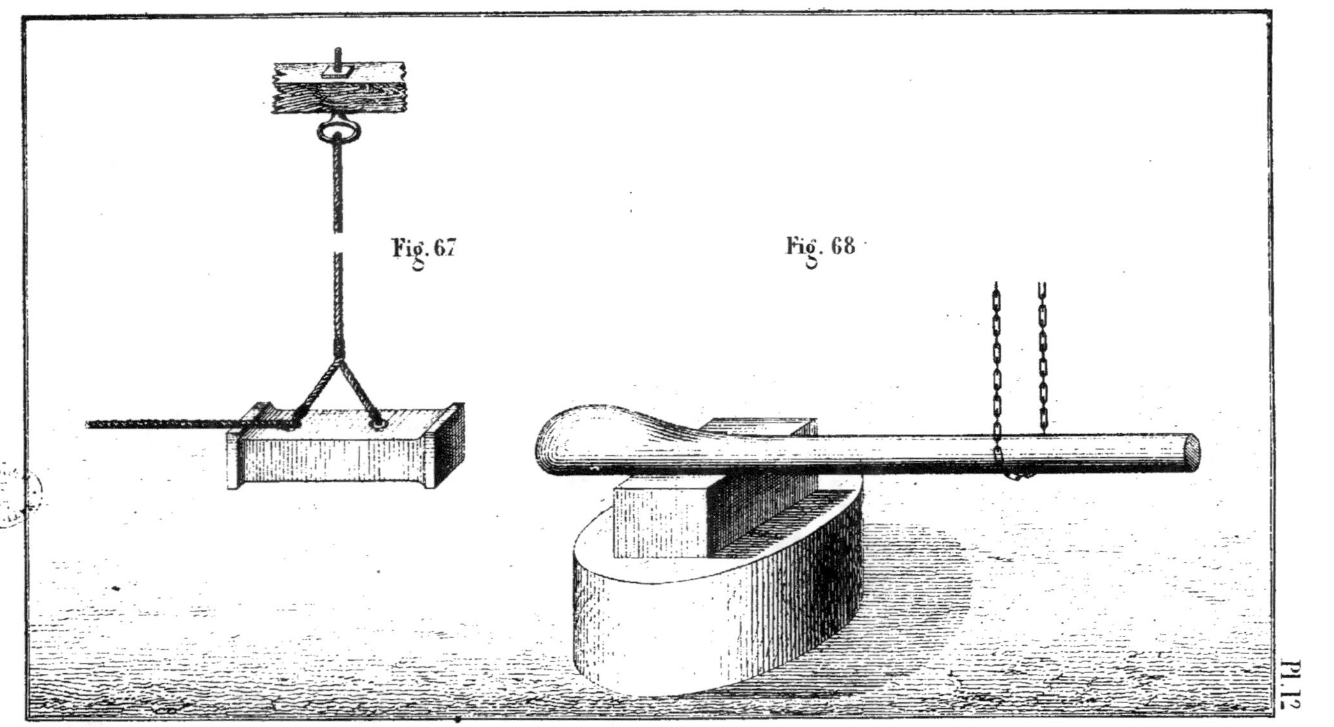

Fig. 67
Fig. 68
Pl. 12

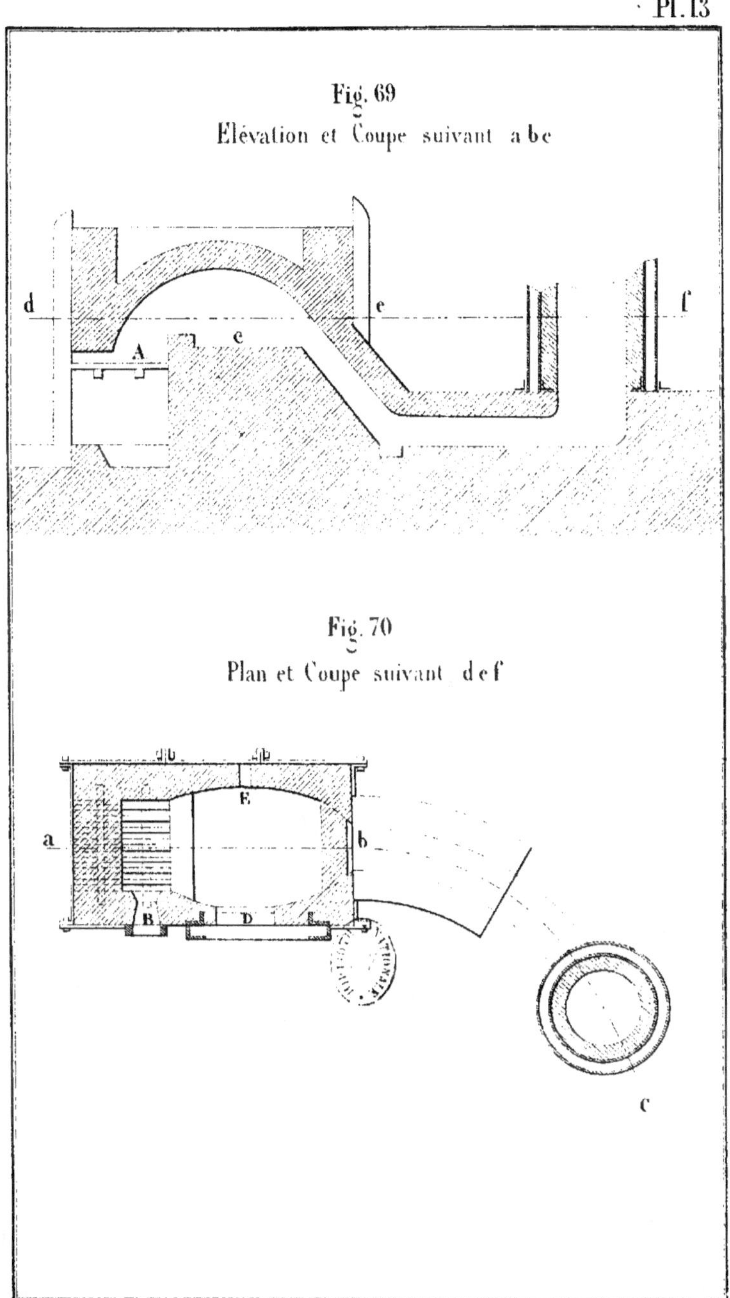

Fig. 69
Elévation et Coupe suivant a b c
d
e
e
f
A
Fig. 70
Plan et Coupe suivant d e f
a
b
E
B
D
c

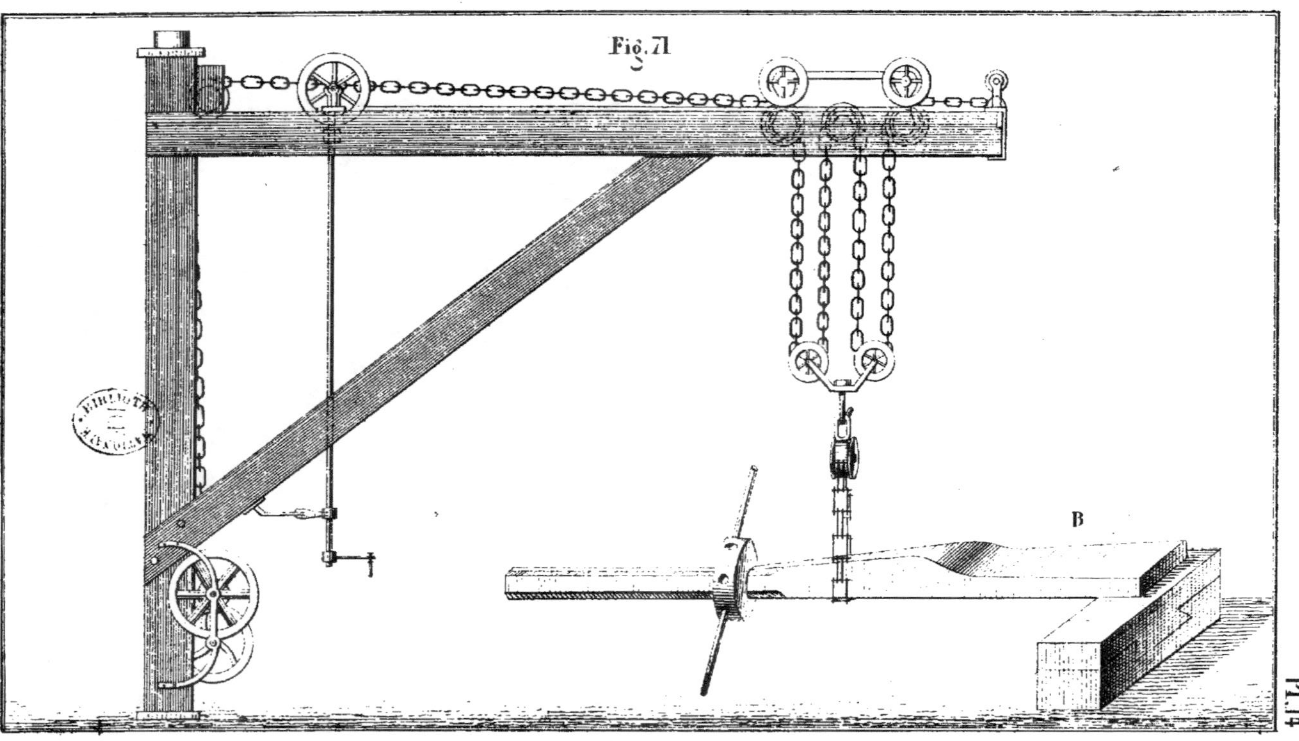

Fig.71
B
Pl.14

Fig. 72

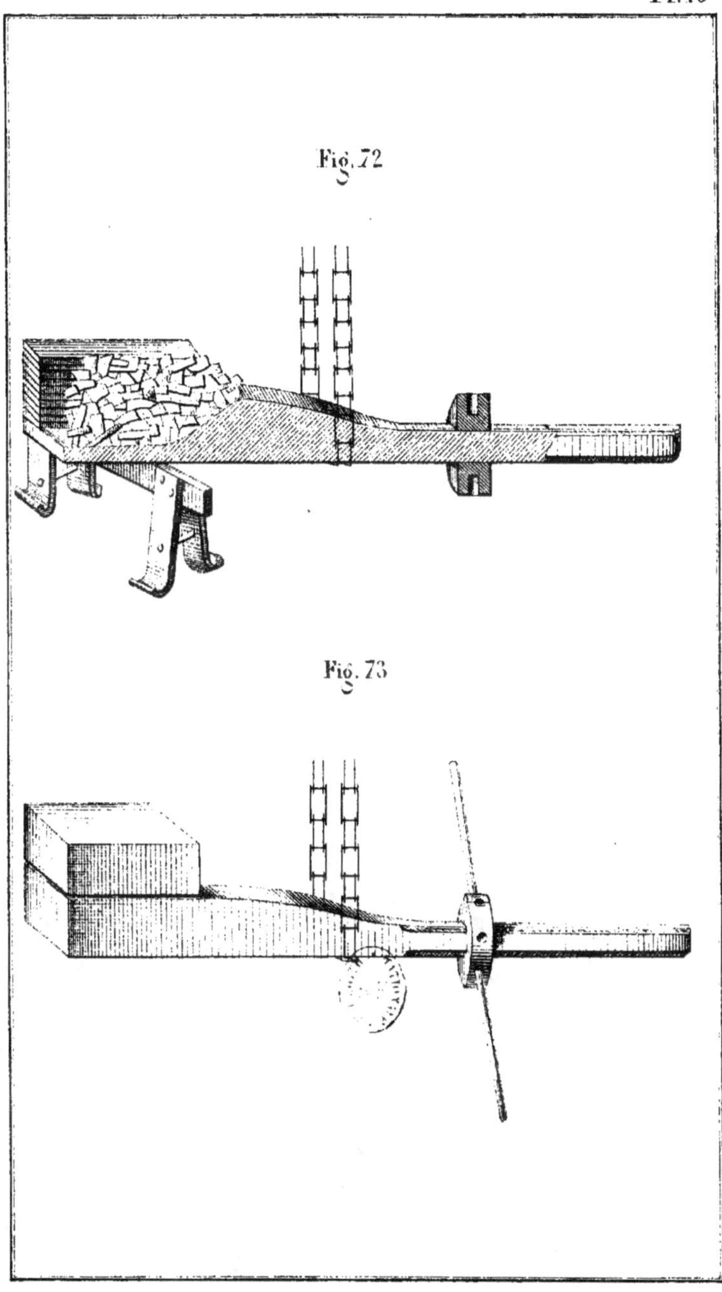

Fig. 73

Fig. 74

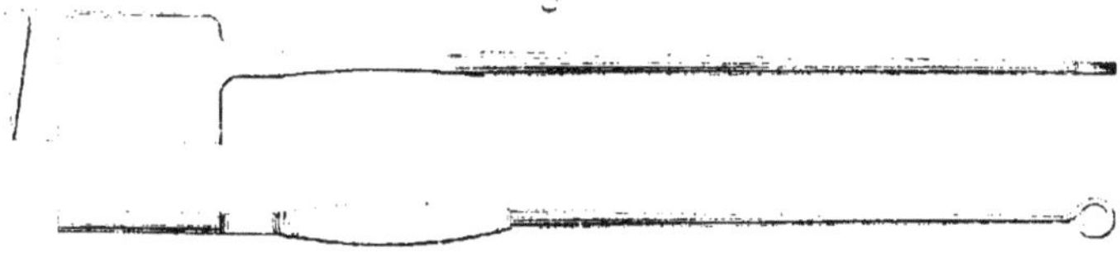

Fig. 75

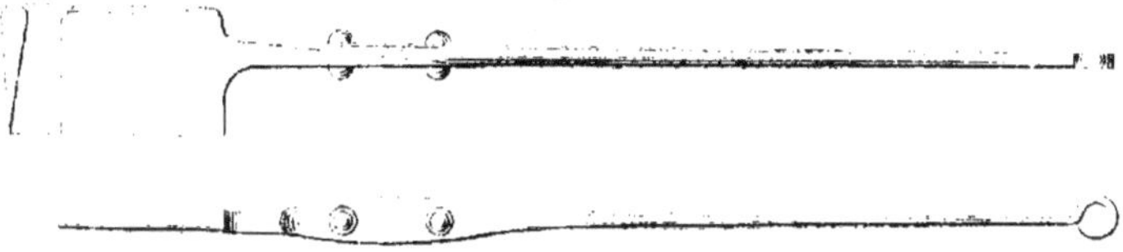

Fig. 76

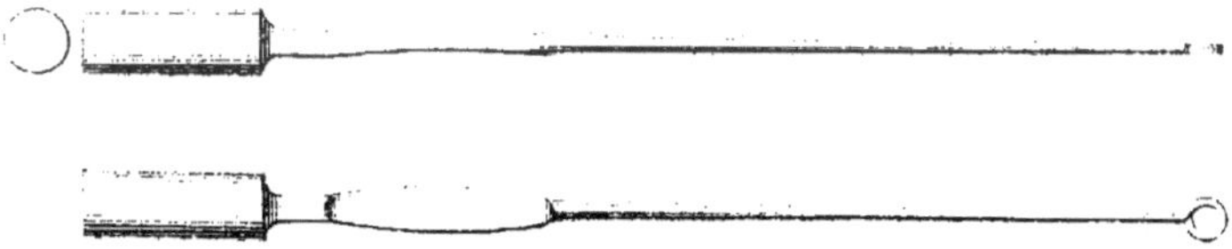

Fig. 77

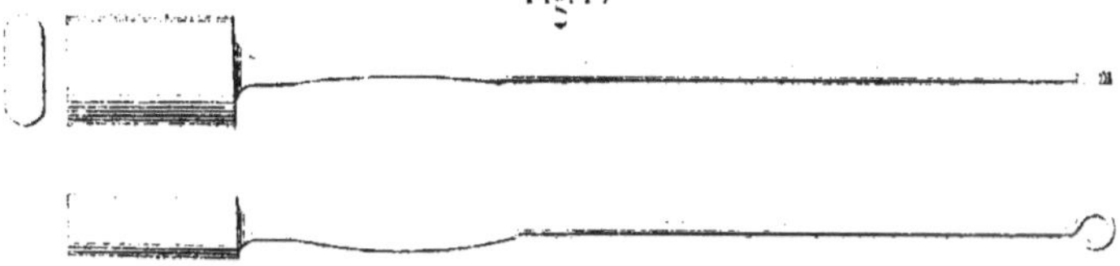

Fig. 78

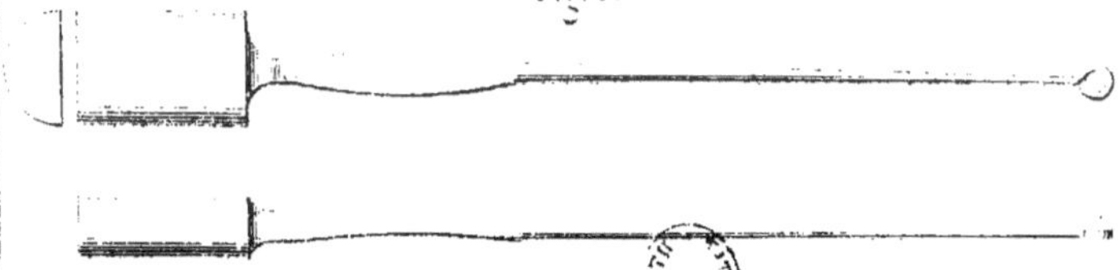

Fig. 79

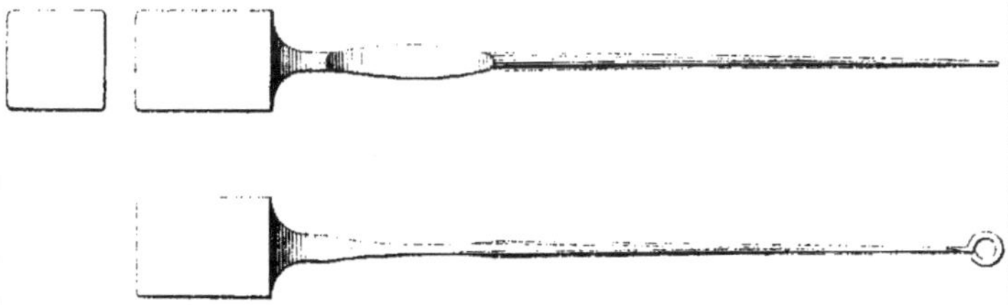

Fig. 80

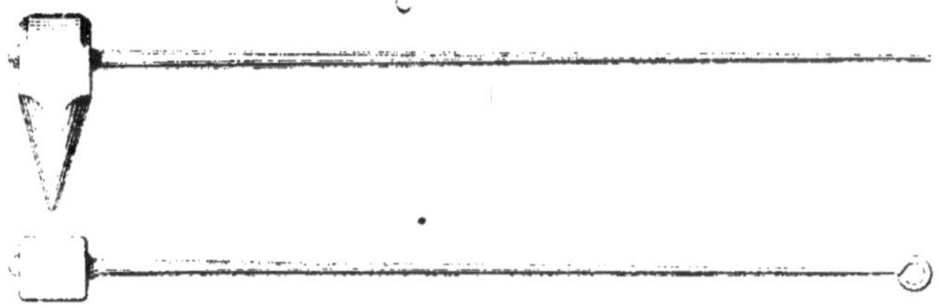

Fig. 81

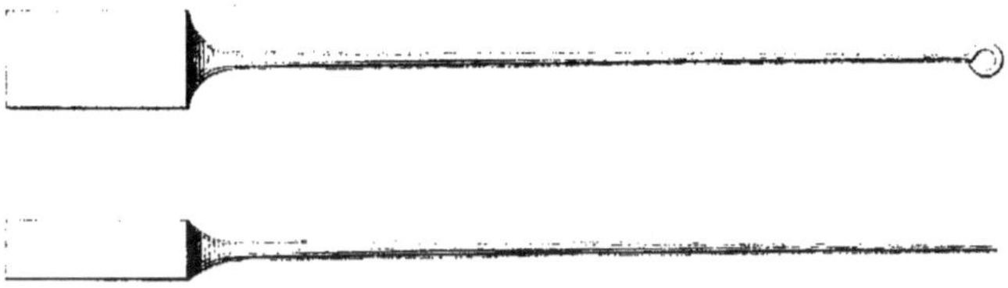

Fig. 82

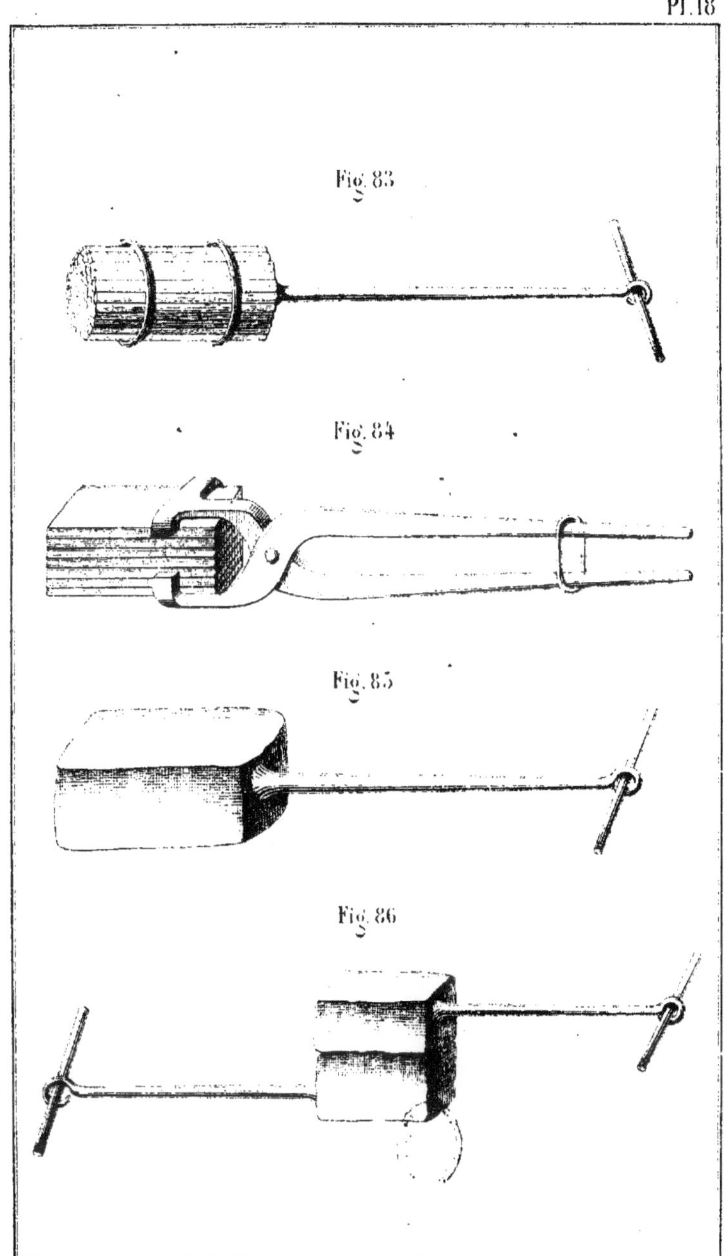

Fig. 83

Fig. 84

Fig. 85

Fig. 86

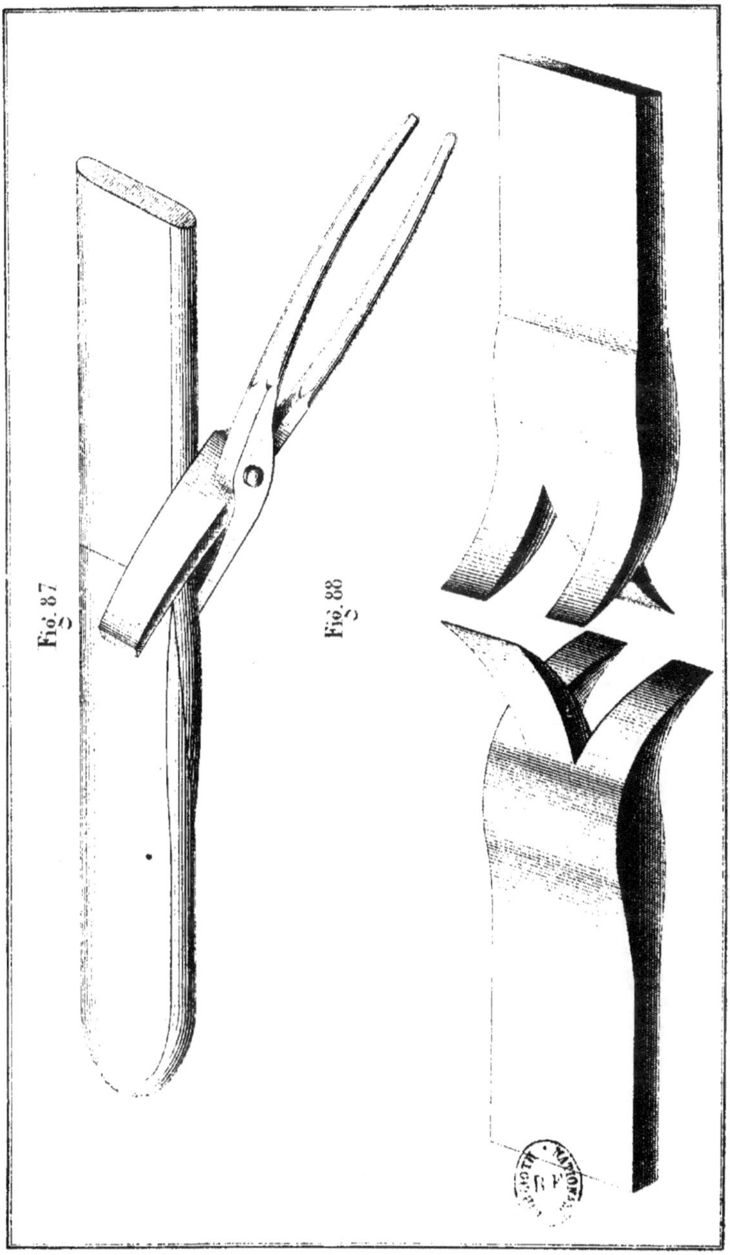

Fig. 87

Fig. 88

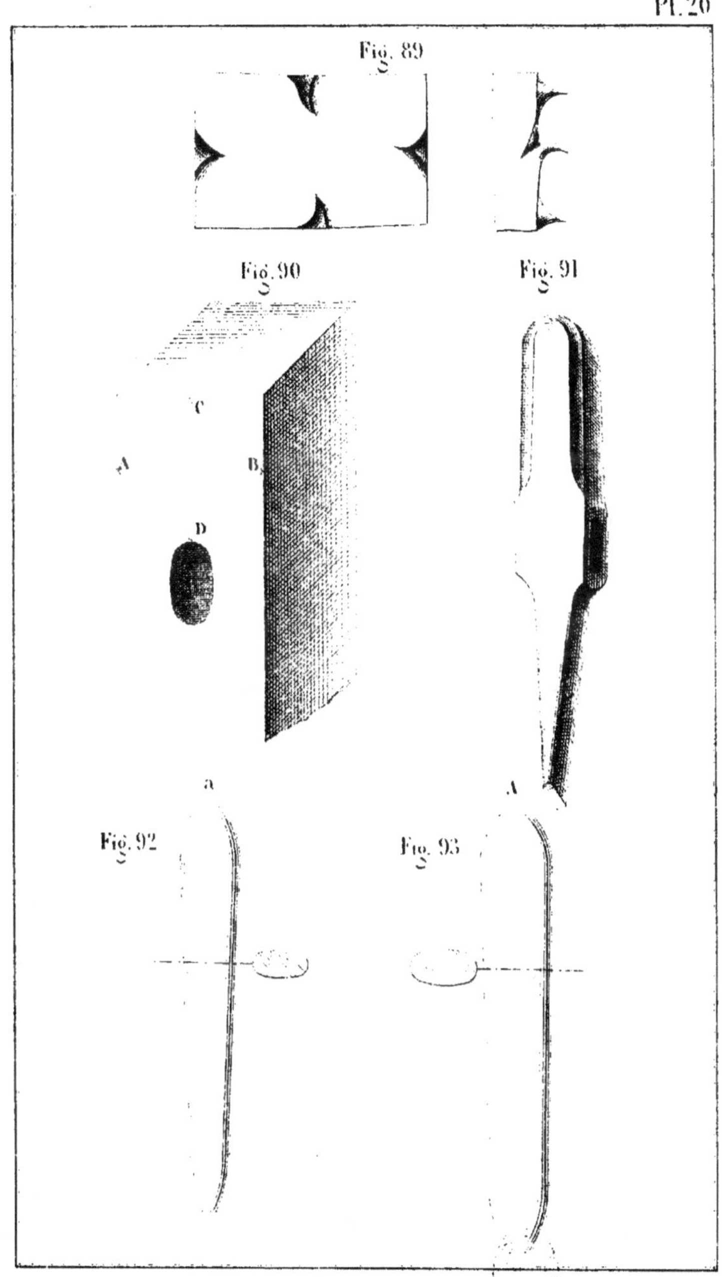

Fig. 89
Fig. 90
Fig. 91
A
C
B
D
a
A
Fig. 92
Fig. 93

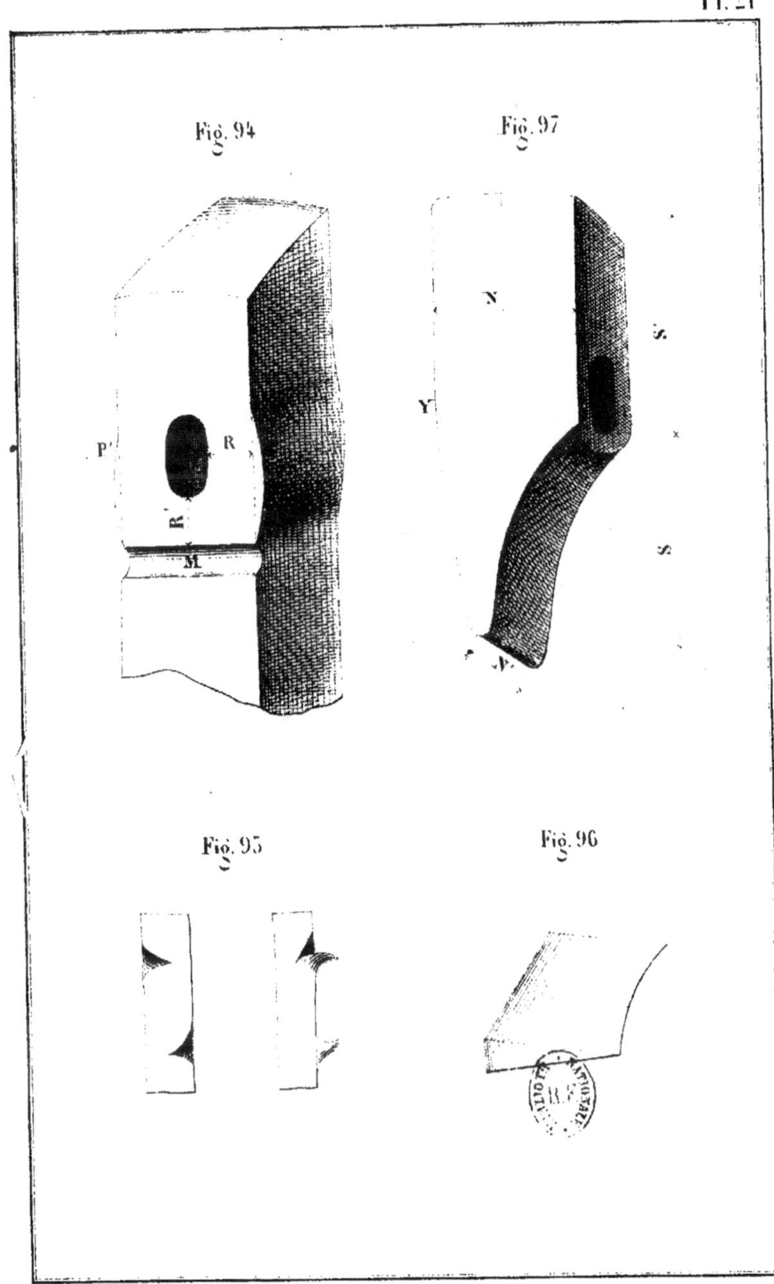

Fig. 94
P' R
R'
M
Fig. 97
N
Y
S
x
S
N'
Fig. 95
Fig. 96

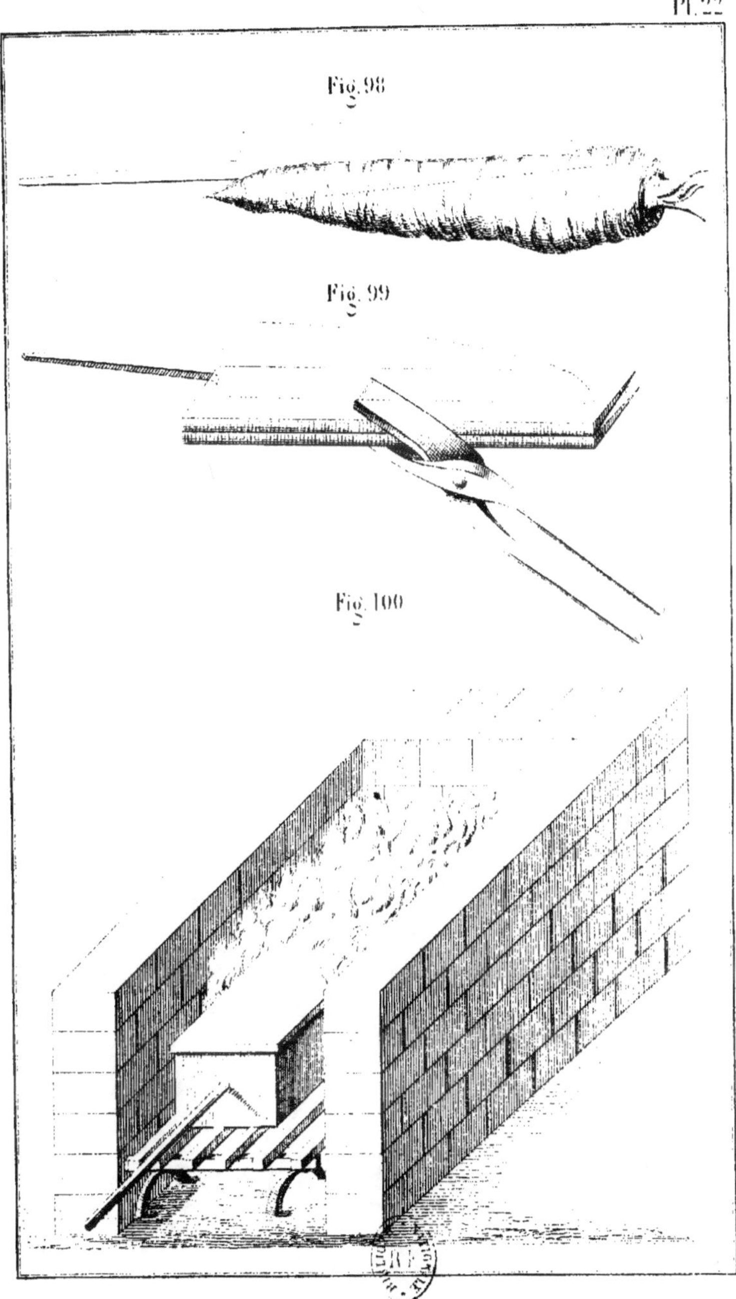

Fig. 98
Fig. 99
Fig. 100

Fig. 101

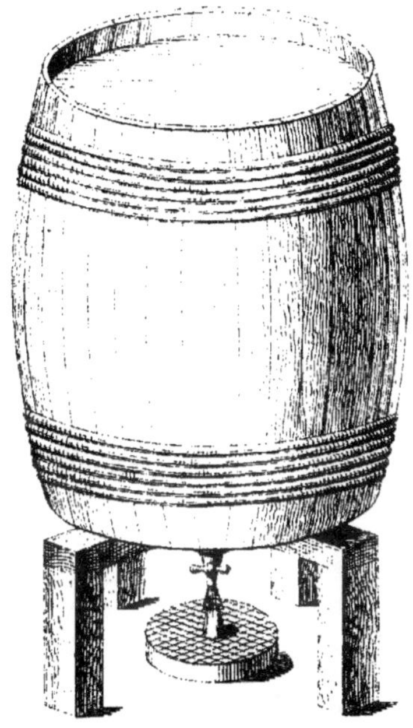

Fig. 102

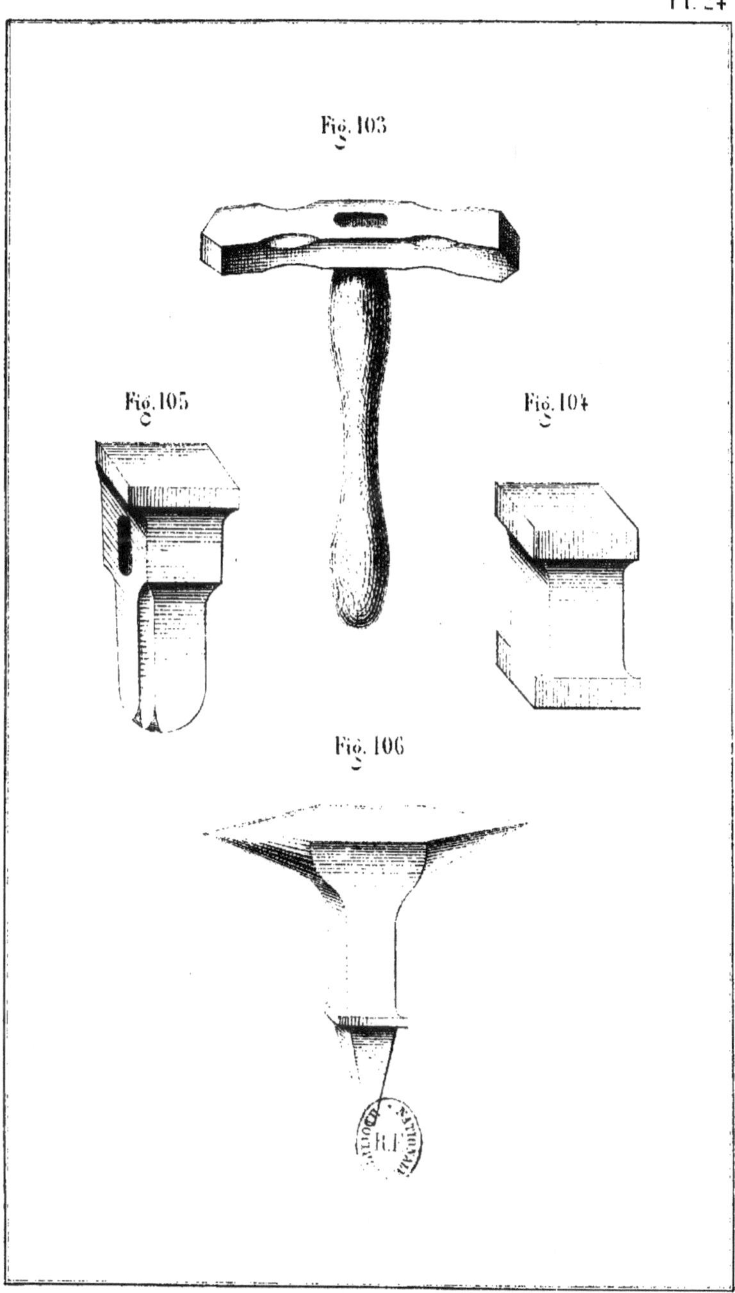

Fig. 103

Fig. 105

Fig. 104

Fig. 106